U0333434

A little course in...
Baking

轻松玩烘焙

A Little Course in Baking

英国 DK 出版社 著

丛龙岩 译

中国轻工业出版社

图书在版编目（CIP）数据

轻松玩烘焙／英国DK出版社著；丛龙岩译. —北京：中国轻工业出版社，2018.11
（美好生活课堂）
ISBN 978-7-5184-2091-9

Ⅰ.①轻… Ⅱ.①英… ②丛… Ⅲ.①烘焙–糕点加工
Ⅳ.① TS213.2

中国版本图书馆CIP数据核字（2018）第207113号

责任编辑：马　妍　王艳丽
策划编辑：马　妍　　责任终审：劳国强
封面设计：奇文云海　　版式设计：锋尚设计
责任校对：李　靖　　责任监印：张　可

出版发行：中国轻工业出版社
　　　　　（北京东长安街6号，邮编：100740）
印　　刷：北京华联印刷有限公司
经　　销：各地新华书店
版　　次：2018年11月第1版第1次印刷
开　　本：710×1000　1／16　印张：12
字　　数：200千字
书　　号：ISBN 978-7-5184-2091-9
定　　价：68.00元
邮购电话：010-65241695
发行电话：010-85119835　传真：85113293
网　　址：http://www.chlip.com.cn
Email：club@chlip.com.cn
如发现图书残缺请与我社邮购联系调换
151271S1X101ZYW

目　录

轻松玩烘焙学习指引

本书对烘焙过程中所有的制作步骤进行了分门别类的归纳和整理，并将烘焙之旅学习分解为三个阶段，涵盖了烘焙制作的所有操作步骤，从简易蛋糕的烘烤到各种手工面包的制作，食谱难度不断加深，帮你练就扎实的基本功，同样，随着实践经验的不断积累和自信心的增强，你可以自信满满地去迎接新的挑战。

从初出茅庐到烘焙大师

从第一部分"基础篇"，迈出你学习烘焙的第一步。这样你就会非常轻松地掌握和运用这些在烘焙过程中所需要的基本技能。在"强化篇"部分，你会学习许多传统的烘焙技法，一旦掌握这些技法，你就真的可以称呼自己为烘焙大师了。而在"拓展篇"部分，会有更加精彩的学习内容，能够让你充分发挥自己的想象力并且给你提供了充分炫耀自己烘焙技能的舞台。

有关食谱内容

在每一道食谱中都标出了可供食用的数量，烘焙所需要的时间，以及产品是否需要冷冻保存。

这些需要注意的细节部分在每一道食谱的开始位置都会显著地标注出来

可以制作
18份

烘烤10~15
分钟

最多可以
保存8周

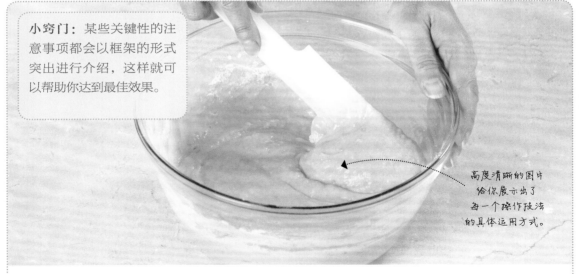

小窍门：某些关键性的注意事项都会以框架的形式突出进行介绍，这样就可以帮助你达到最佳效果。

高度清晰的图片给你展示出了每一个操作技法的具体运用方式。

如何阅读本书

在每一个部分"如何做"中都有按照食谱制作成品的关键技术要点。不仅解释了"该如何做？"而且还告诉你"为什么要这样做？"正确理解做某件事情的原因，比单纯做好某件事情本身更重要。

在了解了关键的技术要点之后，就可以根据食谱操作步骤实践了。一目了然的原材料和所需设备介绍，再加上制作所需时间，都会对你的烘焙大计提供全方位的技术支持。

实用性建议：在食谱中遍布着小窍门、友情提醒、注意事项，以及处理操作失误指导，以帮助你解决在烘焙过程中出现的任何问题。

在注释中会告诉你该做什么，以及在关键制作步骤处的具体标准。

完美无瑕的成品

在每一个食谱的最后部分，一张制作好的完整产品图片会向你展示出，你自己动手制作成功的作品应该能够达到的效果。

高度清晰的图片显示出了你制作好的作品应该要达到的正确的颜色、质地以及装盘样式等方面的标准。

都会标示出每一次烘焙好的作品所应该达到的质量品质。

需要哪些方面的改进？

完美很难实现，在初次烘焙没有达到预期效果时，这里会告诉你问题所在，如何避免再犯同样的错误。

熟练掌握了这些食谱之后，翻过这一页，你会发现众多熟悉的食谱扑面而来。

现在，翻开这本《轻松玩烘焙》，开始你的烘焙之旅吧！ ▶▶▶

烘焙必需的**器具**

量具

烘焙是一项一丝不苟的工作，并且需要精确地测量出所需原材料的质量和尺寸。带有各种量度的秤是必需之物。测量液体的各种量杯，在美式食谱中也是必不可少的。还有量勺，可以量出公制（克）或者英制（盎司）等，但是两者不要混用。

秤
能够精确地测量，越小单位的秤越实用

多用量壶
用于测量液体原材料，量杯应能够测量出公制和英制两种度量单位

各种量杯
在美式菜谱中可以代替多用量杯度量原材料

各种量勺
用于度量少量原材料，从1汤勺到1/8茶勺不等

搅拌器具

最常用的搅拌器具包括不同尺寸的搅拌盆，以及用于过筛、搅拌、搅打、混合、翻搅等操作的器具。

细筛（面筛）
用于过筛干粉原材料，使其中间能够混入空气并且除掉结块及杂质。

各种木勺
应该选择结实耐用和耐热性好的木勺，用于搅拌、混合，以及打发原材料等。

金属长柄勺
比汤勺要大得多，用于将干粉原材料叠拌进蛋糕糊中混合好。

各种玻璃盆
应选择厚底宽边的玻璃盆，用于搅拌、搅打和翻搅，非常实用且方便。

手动和电动搅拌器
电动搅拌器非常方便实用，在制作蛋糕时能减轻工作量。手动搅拌器可以用于搅打蛋清、奶油或者酱汁。

胶皮刮刀
非常适合于从碗里刮取原材料，以及用于抚平和涂抹原材料。

油酥糕点器具

制作油酥糕点时，这些器具用于擀开面团，切割造型，上光，在模具上涂刷油脂，以及空烤油酥面皮等。

毛刷
用于涂刷水、蛋液或者上光上色的材料等，或者用于在模具和烤盘上涂刷油脂。

擀面杖
主要用于擀制油酥面团、饼干面团和丹麦油酥面团等。要挑选沉一些、带把手的擀面杖。

焗豆（烤豆、派石）
在馅饼面皮填入馅料之前要先加入焗豆空烤，以给馅饼定型。

各种糕点和曲奇切割模具
最常用的切割模具包括圆形和花式切割模具，以及造型各异的切割模具等。

各种烘焙模具和烤盘

高质量的烘焙模具，以及各种烤盘是必不可少的器具用品。要使用合适尺寸和大小的各种模具，并且要购买坚固耐用的模具。

面包模具
主要用来烘烤面包以及面包造型的蛋糕，有不同尺寸和大小可供选用。

各种烤盘和平烤盘（烤板）
有各种不同型号的烤盘、烘烤模具以及平烤盘，以根据不同的食谱制作烘焙产品时使用。

塔（派）模具
各种活动底模具可以用来制作各种甜味和咸味的派和塔等，非常方便实用。

各种圆形蛋糕模具
有各种不同尺寸和大小的蛋糕模具，活动底的蛋糕模具最为方便。侧面带弹簧卡扣的蛋糕模具能从侧面打开，更适合于用来制作奶酪蛋糕或者质地柔软易碎的蛋糕。

方形蛋糕模具
特别适合烘烤各种蛋糕、面包，以及布朗尼等，其底部不可拆卸。

杯子蛋糕或者松饼模具
模具中带有12个孔洞，用来制作杯子蛋糕或者松饼。松饼专用模具会更深一些。

其他必要的器具

金属扦子
细长的金属扦子可以用于检测蛋糕是否烘烤成熟。

抹刀
刀片柔韧而细长，并带有一个圆头，可以用来将蛋糕的表面涂抹至光滑平整，还可以用来将糕点从模具中取出。

烤架
你需要至少一个烤架，并且最好是大号烤架，烘烤好的面包和蛋糕都可以摆放到烤架上进行冷却。

裱花袋
一个尼龙裱花袋，并带有一个星状和一个圆口裱花嘴可以组成一套最基本的裱花套装工具。

烤垫（高温烤布）
铺设在烤盘内，这样材料就不会粘在烤盘上，还可以将烤垫覆盖到蛋糕上，以防止蛋糕在烘烤的过程中过度上色。油纸可以替代烤垫，方便易用，也是不错的选择。

烘焙必需的**原材料**

面粉类

面粉在绝大多数的烘焙食谱中是不可或缺的原材料。有许多不同种类的面粉可供选择。每一种面粉中的小麦成分和面筋的含量都各不相同，在一些面粉中会添加膨松剂。大多数烘焙食谱都需要使用一种面粉或者多种面粉混合。

玉米淀粉
由玉米粒制作而成的一种非常细腻的粉状材料。通常用于酥饼类的制作，以使其质地轻柔。

普通面粉
包含75%的小麦成分，在许多烘焙食谱中都会用到，例如蛋糕类、饼干类和糕点类等。

自发面粉
包含75%的小麦成分，并添加一定量的膨发材料，用于蛋糕和面包的膨发。

高筋面粉
由硬质小麦制作而成，蛋白质和面筋的含量都比较高，是制作面包的理想原材料。

全麦高筋面粉
由整粒小麦碾磨而成的带有浓郁麦香风味的面粉，非常适合于制作面包。

糖类

糖类能够使烘焙产品口味变得甘甜可口。但是同样也会增加产品的潮湿度，引起颜色、体积和质地等的变化。糖类有各种不同的颜色，从白糖到红糖，以及根据颗粒大小的不同，可以从粗砂糖到细砂糖等进行区分。食谱会告诉你，使用哪种类型的糖是最合适的。

黄糖
有两种类型，浅色黄糖和深色黄糖。呈湿润而柔软的颗粒状，会给蛋糕和面包增添浓郁的风味。

黑砂糖
其强烈的风味特别适合于制作水果类蛋糕时使用。

细砂糖
呈非常精细的颗粒状，容易混合均匀和溶解，在烘焙中被广泛使用。

金砂糖
呈非常细小的晶体状，并带有糖浆般晶莹的色彩，用途与细砂糖相同。

白砂糖
大小适中的颗粒状结晶体，尤其适合于制作果酱和烘焙类产品及蛋糕等的装饰场合使用。

糖粉
一种非常细的粉状白糖，由白砂糖研磨而成。主要用来制作各种糖霜和装饰。

乳制品

绝大多数烘焙食谱都需要用到油脂，通常是各种形态的黄油，用来增加风味、蓬松其体积和使质地更加轻柔等。其他种类的乳制品也会经常用到，以满足不同的用途和需求，例如增加蛋糕液体的香浓和湿度，作为细腻的馅料，或者打发后用于装饰等。

黄油
有无盐黄油和加盐黄油（淡味黄油和咸味黄油），块状，室温下可用来制作蛋糕，冷冻后可用来制作油酥糕点。

浓奶油
用来增加产品的浓郁程度和湿润感，也可以在打发好之后作为甜品的馅料或者装饰使用。

酪乳
通常会和小苏打一起使用，两者混合到一起可以作为一种膨松剂使用。

天然活性酸奶
会给烘焙产品带来湿润感以及浓郁的口感。

马斯卡彭奶酪
一种口感浓郁、具有丝绸般幼滑质地的意大利软质奶酪，可以用来代替奶油奶酪。

奶油奶酪
用奶油制成的一种软质、细腻的奶酪，主要用于制作奶酪蛋糕。

其他必需的原材料

鸡蛋
鸡蛋会增强烘焙产品的组织结构、湿润度、风味口感和柔软程度。在本书所有的食谱中，除非有特殊说明，否则，所使用的都是中等大小的鸡蛋。

膨松剂

膨松剂能够确保蛋糕类和烘焙类产品在烘烤过程中通过温度、湿度、酸度等的作用产生二氧化碳气泡而膨发。下述三种膨松剂都是最常用到的，也是被广泛使用的膨松剂。

巧克力
巧克力通常分为巧克力块或者可可粉。在巧克力中可可固体成分的含量越高，巧克力的风味越浓郁。

泡打粉
加热或者放在温暖的地方，会产生二氧化碳，在烘焙产品中被广泛使用。

小苏打
当与水分以及酸性物质混合到一起时会产生二氧化碳，例如与酪乳、糖浆或者柠檬汁混合时。

干酵母
常用于面包的制作，需要在一定的温度和湿度环境下才可以正常地发挥作用。

吉利丁片
一种由动物的骨骼制作而成的透明状、没有味道的原材料。主要用来将馅料凝固住以及制作果冻。有片状和粉状可供选择。

1
基础篇

　　终于到了该你系上围裙的时候了，跟随着为你精挑细选出的最简单、最容易操作的食谱，做好充分的准备工作，开始进入你的烘焙世界之旅。去学习如何制作速发的蛋糕和面包，轻柔如空气般的蛋白霜，使用油搓粉技法和打发的方式制作而成的各种饼干和曲奇，以及如同乳脂般柔嫩的奶酪蛋糕，并用心去感悟第一次涉足的糕点烘焙世界。

在这一部分中，你会学会如何烘焙：

简易蛋糕　　曲奇　　　饼干　　　蛋白霜
第14~27页　第28~35页　第36~43页　第44~55页

免烤奶酪蛋糕　成品糕点面团　速发面包
第56~63页　　第64~71页　　第72~79页

如何制作**简易蛋糕**

简易蛋糕是制作方法最简单的蛋糕，它没有制作传统蛋糕时所需要的许多制作步骤。你只需要将原材料混合成为蛋糕面糊即可。根据所使用的原材料不同，制作蛋糕面糊的方法有很多种。其中最简单的是"一体化"方式，也就是说只需要将所有的原材料直接混合到一起即可。只是在将湿性材料与干粉材料混合时，需要慢慢地进行混合，以制作出细腻光滑、体积最大化的面糊。

用于轻轻地拍打面筛的边缘位置，以加快干粉材料筛落的速度。

将面筛尽量抬高一些，这样可以让干粉材料最大限度地与空气混合到一起。

使用一个比面筛宽出一些的搅拌盆，用来盛放筛落的面粉，这样就不会让面粉洒落到盆的外面。

小窍门：建议过筛两遍，以取得细腻、轻柔、蓬松的蛋糕面糊。

将干粉原材料过筛

将所有的干粉原材料一起过筛。在筛落的过程中干粉原材料会混合到一起，去掉筛面上的所有结块杂质，让干粉颗粒与空气充分混合。这样可以使干粉颗粒更好地吸收液体，使面糊体积增大。

将液体原材料倒入干粉原材料中间的窝穴中,然后慢慢地将干粉原材料划拉进液体原材料中进行混合。

用手指或者木勺将干粉原材料从中间位置划拉到盆边位置,在干粉原材料的中间位置形成一个窝穴。

将干粉原材料与液体原材料混合到一起

在将液体原材料搅打至混合均匀之后,在干粉原材料中间做出一个窝穴形,将液体原材料倒入其中。这个窝穴形会帮助你将干粉原材料一点一点逐渐与液体原材料混合,这样最后就会获得没有硬块的面糊。同样的道理,你也可以将干粉原材料筛落到液体原材料中,然后再混合均匀。

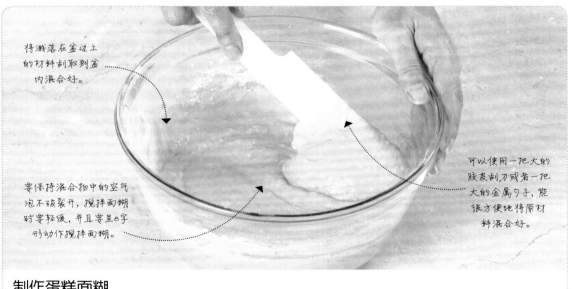

将溅落在盆边上的材料刮取到盆内混合好。

要保持混合物中的空气泡不破裂开,搅拌面糊时要轻缓,并且要呈8字形动作搅拌面糊。

可以使用一把大的胶皮刮刀或者一把大的金属勺子,能很方便地将原材料混合好。

制作蛋糕面糊

使用胶皮刮刀,轻缓地将液体原材料和干粉原材料搅拌到一起,直到看不到有干粉颗粒为止。切记不可过度搅拌,否则会形成过多的面筋,从而使蛋糕在烘烤的过程中,因为筋力太大而膨发不到位。

练习制作简易蛋糕
胡萝卜蛋糕

这一款经典的胡萝卜蛋糕是制作简易蛋糕最理想的范例，首先将干粉原材料过筛到液体原材料中，此时可以在蛋糕面糊中添加一系列香料，用来制作出美味舒适的湿润感和芳香浓郁的水果风味，并且在蛋糕的表面上涂抹一层如同丝绸般幼滑的奶油奶酪糖霜。

供8~10人食用

烘烤45分钟

如果不涂抹糖霜，最多可以保存8周

原材料

蛋糕材料

225毫升葵花籽油，多备出一些用于涂抹模具

3个大个鸡蛋

225克红糖

1茶勺香草香精

200克胡萝卜，去皮

100克核桃仁

100克葡萄干

200克自发面粉

75克全麦自发面粉

少许盐

1茶勺肉桂粉

1茶勺姜粉

1/4茶勺现磨碎的细豆蔻粉

1个橙子，擦取其外层碎皮

糖霜材料

50克无盐黄油，软化

100克奶油奶酪，常温下软化好

200克糖粉

1/2茶勺香草香精

2个橙子

所需器具

23厘米带弹簧卡扣式蛋糕模具

葵花籽油

鸡蛋

红糖

自发面粉和全麦自发面粉

胡萝卜

香草香精

核桃仁

葡萄干

盐和香料

无盐黄油

奶油奶酪

糖粉

橙子

带弹簧卡扣式蛋糕模具

总时间1小时15分钟，加上蛋糕冷却的时间

准备时间	制作时间	烘烤时间	装饰时间
10分钟	10分钟	45分钟	10分钟

1 将烤箱预热至180℃。将葵花籽油和鸡蛋连同红糖和香草香精一起放入一个盆里。使用电动搅拌器，将混合物搅打至略微浓稠的程度。

要记住：要确保将所有的原材料都混合均匀，并且呈细腻光滑状，否则你制作好的蛋糕就会膨发得不够均匀到位。

要搅拌至红糖完全溶解并且混合物要浓稠到能够从搅拌器上缓慢滴落的程度。

2 将胡萝卜擦碎，然后用棉布包好，使劲挤压出胡萝卜汁，丢弃不用。

为什么不使用胡萝卜汁？不使用从胡萝卜中挤出的胡萝卜汁，这样蛋糕面糊就不会太过湿润，蛋糕在烘烤时就会膨发得非常到位。

3 将胡萝卜翻搅进步骤1中混合好。将核桃仁撒到烤盘内，放入预热好了的烤箱内烘烤5分钟。取出，放入茶巾内揉搓摩擦几次，除掉外皮（见第38页内容）。将核桃仁粗略地用刀切几下，然后与葡萄干一起拌入到面糊中。

小窍门：你也可以不用烘烤核桃仁，但是烘烤过的核桃仁可以非常方便地除掉外皮，风味也会更加浓郁。

不要过度搅拌蛋糕面糊，否则你制作好的蛋糕就会膨发不起来。

4 将自发面粉和全麦自发面粉与盐、肉桂粉、姜粉和豆蔻粉一起过筛到蛋糊中。面筛中的麸糠也加入到面糊中。然后加入橙子碎皮，混合好，在面糊中看不到有明显的带有面粉的白色斑点为好。

小窍门： 面粉过筛时，要确保面筛放在容器上一定的高度，使面粉在洒落的过程中能够混合进去更多的空气。

要确保你使用的搅拌盆足够大，能够盛放筛面粉时洒落而下的面粉。

5 在蛋糕模具内涂刷上薄薄的一层油。以蛋糕模具圆底的外侧做参考，在油纸上用铅笔画出一个圆形轮廓线并剪下来，铺到圆形模具的底部。将蛋糕面糊用勺舀到准备好的模具中，用抹刀将表面抚平。

为什么？ 在这一步骤中要将蛋糕面糊的表面抚平，是为了让蛋糕表面烘烤得平整，便于涂抹糖霜。

6 将蛋糕面糊放入预热好的烤箱内烘烤45分钟。到时间之后，可以用木签测试蛋糕的成熟程度。也可以用手指轻轻按压进行测试，会感觉到蛋糕变得硬实。取出蛋糕后在模具中先冷却5分钟。然后再取出放到烤架上，这样空气就会在蛋糕四周流通，使其冷却。随后揭掉油纸。

要记住： 从烤箱内取出蛋糕后，让其先冷却5分钟，再从模具中取出。

在蛋糕中间位置插入一根木签，测试蛋糕烘烤的成熟程度，拔出木签之后，木签应该是干净的。

7 制作糖霜。可以将黄油、奶油奶酪、糖粉和香草香精一起放到一个盆里，将擦取的一个橙子的外皮也放到盆里，使用电动搅拌器，将混合物搅打至呈细腻柔滑状。

要记住： 想要制作出质地细腻的糖霜，先要确保黄油和奶油奶酪在搅打之前都处于室温下。

不要将橙子外皮中的白色部分擦取到糖霜中，只需擦取橙子外皮中的黄色部分即可。

使用旋转画圈的涂抹方式将糖霜涂抹到蛋糕上，以增添纹理图案。

8 使用糖霜进行装饰，可以先使用抹刀将糖霜均匀地涂抹到蛋糕上。再使用刮丝器（擦丝器）在另外一个橙子的外皮上擦取长的丝状，撒到蛋糕表面四周边缘处。你也可以使用四面刨来制作橙皮丝，但是此法制作出的橙皮丝不会很长。

小窍门： 涂抹好糖霜的蛋糕存放在密封容器中，最多可以保存3天。

完美级诱人食欲的**胡萝卜蛋糕**

制作好的胡萝卜蛋糕应该质地结实、膨发充分，并且滋润饱满，水果和坚果在蛋糕中分布均匀。

橙皮丝撒在蛋糕表面的最外侧边缘处形成一个环状装饰。

糖霜柔软丝滑，晶莹剔透。

蛋糕切面应该滋润而柔软，并且质地轻柔。

蛋糕的侧面用手触碰时应该质感结实而干燥。

水果和干果应该均匀地分布在整个蛋糕中。

哪个步骤做得不对?

蛋糕非常沉重并且干硬。过度搅拌蛋糕面糊会使面糊起筋，导致蛋糕干硬。在你下次制作的时候，面粉刚搅拌好之后就立刻停止搅拌。

烘烤好的蛋糕里有白色斑点状的面粉。你没有将干粉原材料中的结块都筛出来，或者在搅拌时没有搅拌均匀面粉。

蛋糕膨发不到位。过度搅拌蛋糕面糊，使面糊中的空气泡破裂。在混合搅拌原材料时，待面糊中没有白色斑点时就停止搅拌。

糖霜在蛋糕表面到处流淌。蛋糕没有冷却透。在涂抹糖霜之前，要给蛋糕留出充分的冷却时间。

糖霜中有颗粒。黄油和奶油奶酪没有在室温下软化到位。其结果是制作好的糖霜中有颗粒存在。

按照食谱去试试制作更多的简易蛋糕 ▶▶▶

香蕉面包

制作2条　　烘烤　　最多可以
　　　　　35-45分钟　保存8周

原材料

无盐黄油，用于涂抹模具

375克高筋面粉，多预备一些，用于撒面

2茶勺泡打粉

2茶勺肉桂粉

1茶勺盐

125克核桃仁，切成粗粒

3根熟透的香蕉，捣成泥

3个鸡蛋，打散

1个柠檬，擦取外皮并挤出汁液

120毫升植物油

200克白砂糖

100克红糖

2茶勺香草香精

所需器具

2个450克面包模具

将烤箱预热至180℃。在两个模具内部均匀地涂抹好黄油，再分别均匀撒上2汤勺面粉。轻轻拍打模具并倒出多余的面粉。

制作香蕉面包面糊

将面粉过筛。与泡打粉、肉桂粉和盐放入一个盆里。加入核桃仁拌好，在材料中间做出一个窝穴形。将香蕉、蛋液和柠檬碎皮一起搅拌均匀。加入油、白砂糖、香草香精和柠檬汁搅拌好。倒入到盆内面粉中的窝穴里。将干粉原材料逐渐的混合好。

要注意！不要过度搅拌面糊，否则面包的膨发就会不到位。

烘烤香蕉面包

将制作好的面糊，平均分成两份，舀到备好的模具中。面糊应只装填到一半满。将面糊的表面抚平，然后放入预热好的烤箱内烘烤35~40分钟。可以在面包中间插入一根木签，如果拨出的木签干净，表示面包已成熟。如果竹签上粘有面糊，则需继续烘烤5分钟以上，再插入木签测试一次。

要记住：如果面包已烤熟，则面包会从模具的边缘朝内收缩，从而在模具边缘出现一条缝隙。

香蕉面包的食用

让香蕉面包在模具中略微冷却，然后再置于烤架上冷却透。食用时，将香蕉面包切片，抹上黄油或奶油奶酪。将面包片烘烤之后食用，口感也不错。

小窍门：香蕉面包在密闭容器内保存3天以上。

苹果松饼

制作12个   烘烤   最多可以
       20~25分钟   保存8周

原材料

1个甜味苹果，去皮、去核，切成小丁

2茶勺柠檬汁

115克黄砂糖，多备出一些，用于撒面装饰（可选）

200克普通面粉

85克全麦面粉

4茶勺泡打粉

1汤勺混合香料

1/2茶勺盐

60克山核桃仁，切碎

250毫升牛奶

4汤勺葵花籽油

1个鸡蛋，打散

所需器具

12孔松饼模具

12个松饼纸杯

将烤箱预热至200℃。将松饼纸杯摆放到松饼模具中。

制作松饼面糊

将切好的苹果丁放入盆里与柠檬汁和4汤勺糖拌好，腌制5分钟。将普通面粉、全麦面粉一起过筛，与泡打粉、混合香料和盐放入一个大盆内，加入面筛中留下的麦麸。加入剩余的糖和山核桃仁。在盆中间做出一个窝穴。在另外一个盆内混合好牛奶、油和鸡蛋，然后与苹果混合好，一起倒入大盆内的窝穴中，搅拌几下，以刚好搅拌均匀为宜。

要注意！ 适度搅拌面糊。过度搅拌会使松饼膨发不够。

要记住： 此时搅拌好的面糊中看起来会有颗粒状，这是正常现象。

烘烤松饼

将制作好的面糊分别舀到准备好的松饼纸杯中，装填到3/4满即可。然后放入烤箱内烘烤20~25分钟，或者烘烤到松饼膨发起来并且呈金黄色。测试松饼烘烤的成熟程度，可以在松饼中间位置插入一根木签，如果拔出的木签是干净的，就表示已烘烤成熟。如果木签上粘有面糊，则需要再继续烘烤几分钟，然后再测试一次。取出松饼之后在模具内先略微冷却一下，然后取出摆放到烤架上使其完全冷却。根据需要，在上桌之前可以在松饼的表面撒上少许黄砂糖进行装饰。

小窍门： 这些有益健康的松饼可以趁热食用或者冷食。在密封的容器内最多可以保存2天。

姜味蛋糕

制作12块　　烘烤　　　最多可以
　　　　　　35~45分钟　保存8周

原材料

115克无盐黄油，软化，多预备一些，用于涂抹模具

225克金色糖浆

115克红糖

200毫升牛奶

4汤勺姜渍糖浆

1个橙子，擦取碎皮

225克自发面粉

1茶勺小苏打

1茶勺混合香料

1茶勺肉桂粉

2茶勺姜粉

4片姜，切成细末，并用1汤勺普通面粉拌好

1个鸡蛋，打散

所需器具

18厘米方形蛋糕模具

将烤箱预热至160℃。在蛋糕模具中涂抹上黄油并在蛋糕模具底部铺好油纸。

准备蛋糕面糊

将黄油、糖浆、红糖、牛奶和姜渍糖浆一起倒入汤锅内。用小火慢慢加热至黄油融化，锅内的混合物混合均匀。拌入橙子碎皮，然后将锅从火上端离开，让其冷却至少5分钟。

将面粉过筛与小苏打、混合香料、肉桂粉和姜粉一起放入一个大的搅拌盆内。

要记住：将面粉过筛，不仅仅是为了便于混合，还是为了在面糊中混入更多的空气。

在面粉中间做出一个窝穴。将混合好的液体材料倒入窝穴中，使用搅拌器将所有的材料搅拌至混合均匀。然后再拌入姜末和蛋液搅拌好。将搅拌好的面糊倒入准备好的蛋糕模具中。

烘烤和食用

在预热好的烤箱内烘烤35~45分钟，或者烘烤到在蛋糕中间插入一根木签拔出时是干净的。如果还没有烘烤成熟，再放回到烤箱内，继续烘烤5分钟，然后再测试一次。待烘烤成熟后取出，在蛋糕模具中冷却至少1小时，再摆放到烤架上冷却透。

为什么？让烘烤好的蛋糕先在模具中冷却这一点非常重要，这样蛋糕的韧性就会增强，不至于碎裂开，并且也会更容易地从模具中取出来。

将蛋糕分割成12块，食用之前，要先去掉油纸。

小提示：姜味蛋糕质地非常湿润，在密封容器内最多可以保存1周。

山核桃、咖啡枫糖蛋糕

供8人
食用

烘烤
35~40分钟

最多可以
保存8周

原材料

225克黄油，软化，多预备一些，用于涂抹模具

225克自发面粉

175克细砂糖

3个大个鸡蛋，室温下

4汤勺浓咖啡

75克山核桃仁，切碎，多备出20粒半个山核桃仁，用于装饰

1汤勺枫糖浆

200克糖粉

所需器具

2个18厘米圆形蛋糕模具

将烤箱预热至180℃。在蛋糕模具中涂抹上黄油并在底部铺好圆形油纸。

准备蛋糕面糊

将面粉过筛到一个大的搅拌盆内，然后加入细砂糖、175克黄油、鸡蛋和2汤勺的浓咖啡。使用电动搅拌器将混合物搅拌至混合均匀。

要记住：搅拌好的混合物应该是呈"滴落浓稠度"，即用搅拌器抬起面糊时，面糊会很快滴落下去。

拌入切碎的山核桃仁。

要注意！如果混合物稍显浓稠，只需拌入少许浓咖啡，直到达到了所需要的浓稠度即可。

烘烤蛋糕

将面糊均等地分成两份，分别装入模具中，用刮刀或者抹刀将表面抹平。放入烤箱内烘烤35~40分钟，或者一直烘烤到蛋糕膨发起来，用手触碰时感觉到硬实的程度。如果蛋糕烘烤成熟，插入的木签拔出时应是干净的。如果不是，继续烘烤几分钟再测试一次。将蛋糕从烤箱内取出后先在模具中冷却5分钟，然后再取出摆放到烤架上冷却透。

蛋糕的装饰和装盘

要制作糖霜，先在一个小锅内将剩余的黄油和枫糖浆一起加热融化。再将糖粉过筛到碗里，然后将剩余的浓咖啡和融化好的黄油糖浆倒入糖粉碗里，用电动搅拌器搅拌至细腻光滑并且非常浓稠。使用抹刀，将咖啡糖霜分别均匀地涂抹到冷却透的蛋糕表面上，使表面光滑平整。然后将两个蛋糕叠摞到一起，摆放到一个餐盘内。用山核桃仁装饰。

要注意！蛋糕必须彻底冷却，否则涂抹上去的咖啡糖霜会流出蛋糕表面。

如何制作**杯子蛋糕**

要制作小型的蛋糕，例如杯子蛋糕，通常需要使用一种非常简单的称为"油搓粉"的技法。这种技法指的是先将油脂揉搓到干粉材料中，然后再与湿性材料搅拌到一起，以制作出光滑细腻、呈流淌状的面糊。油搓粉的制作过程可以让轻盈的蛋糕具有更加柔软的质地。

揉搓黄油

使用手指，将黄油在面粉中揉搓，直到将黄油和面粉揉搓成类似于面包糠一样的颗粒状。这种揉搓黄油的方式，将黄油包裹在面粉中，但却没有融化开，在黄油上覆盖着的面粉，在制作面糊时，也防止了形成太多的面筋（见第116页内容），反过来说，这样也保证了蛋糕的柔软性。

保持双手手掌朝上的姿势，用手指尖将面粉和黄油一起捧起并揉搓到一起。

倒出面糊

将湿性材料搅拌到干粉材料中，即制作出了浓稠的面糊。为方便操作，可以将面糊倒入量杯内，再从量杯内倒入摆放在杯子蛋糕模具中的纸杯内。面糊只需要填充至纸杯一半满即可，这样面糊就会均匀地膨发起来。如果倒入的面糊过多，蛋糕边缘部分的面糊在烘烤的过程中就会比中间的面糊更快凝固，使蛋糕中间位置鼓起并开裂。

在每一个蛋糕纸杯内都倒入等量的蛋糕面糊。

香草奶油杯子蛋糕

制作24个　　烘烤　　不涂抹糖霜
　　　　　20~25分钟　最多可以
　　　　　　　　　　保存4周

原材料

200克普通面粉，过筛

2茶勺泡打粉

200克细砂糖

½茶勺盐

200克无盐黄油，软化

3个鸡蛋

150毫升牛奶

2茶勺香草香精

200克糖粉，过筛

糖屑，装饰用（可选）

所需器具

2个12孔杯子蛋糕模具

裱花袋和星状裱花嘴（可选）

将烤箱预热至180℃。

制作杯子蛋糕面糊

将面粉、泡打粉、细砂糖、盐和一半黄油放入盆里，用手指将黄油和干粉材料揉搓成细小的面包糠般的颗粒状。将鸡蛋、牛奶和1茶勺香草香精搅拌好，缓慢倒入干粉材料中，不停地搅拌至成为光滑的面糊状。将搅拌好的面糊倒入量杯内。

要记住：务必将面糊搅拌成细腻光滑状。一定要使用软化后的黄油和室温下的鸡蛋，易于搅拌。

烘烤杯子蛋糕

将杯子蛋糕纸杯放入模具，倒入蛋糕面糊，每个纸杯

只填充一半满。放入烤箱烘烤20~25分钟至膨发。在每个杯子蛋糕的中间位置都插入木签，如果拔出时木签是干净的，表示已经烘烤成熟，否则继续烘烤几分钟并再次测试。取出后先冷却一会儿，然后再从模具中取出摆放到烤架上冷却透。

杯子蛋糕的装饰和装盘

将剩余的香草香精和黄油用电动搅拌器与糖粉搅拌至呈蓬松状。将搅拌好的糖霜装入带有星状裱花嘴的裱花袋内，呈螺旋状挤出到杯子蛋糕的表面。从杯子蛋糕的边缘开始朝向中间挤出糖霜，最后在中间位置挤出一个尖角。撒上糖屑做装饰。

小窍门： 或者用勺将糖霜舀到蛋糕表面进行装饰。再用勺子的背面或者抹刀将糖霜涂抹平整。

巧克力和柠檬杯子蛋糕

巧克力杯子蛋糕：将4汤勺可可粉过筛到面粉中并搅拌加入1汤勺酸奶和香草香精。糖霜：用25克可可粉代替25克糖粉。**柠檬杯子蛋糕：**用半个柠檬的碎皮代替香草香精，加入1个柠檬的柠檬汁。在糖霜中加入半个柠檬的碎皮代替香草香精。

如何制作**曲奇**

完美无缺、诱人食欲的曲奇应为金黄色，其外缘略带酥脆感，而中间则有些松软可口。要获得轻柔的质感，并且要确保制作出的全部曲奇烘烤得都无懈可击，其中最重要的一点就是要将空气充分地搅拌进入到原材料中去，并且要把制作好的曲奇面团揉搓成均匀平整的圆形。

一份乳化（打发）后的曲奇材料，应该非常细腻光滑，颜色变淡，体积略微增大。

将黄油和糖一起搅打2~3分钟，直到所有的块状颗粒完全消失。

要记住： 你同样可以使用木勺来手工打发原材料，但是这样费时费力。

乳化（打发）

这种技法指的是将黄油和糖一起搅打至质地轻柔且蓬松的程度。乳化的过程可以让糖晶体溶入到黄油中，从而产生充满空气的空隙，就可以让曲奇在烘烤的过程中质地变得更加轻柔。

要确保拌入的各种坚果和葡萄干等都充分混合好，否则，烘烤之后的曲奇里面所包含的馅料就会参差不齐。

制作好的曲奇面团应该柔软却不粘手，如果太硬可以加入少许牛奶，如果太软则可以加入少许面粉之后再重新混合好。

制作好的曲奇面团要达到适宜的黏稠度

为确保得到质轻、柔软和黏稠度适宜的面团，用手轻敲位于大碗上方的筛子，使干粉材料轻轻落入大碗中。混合干粉材料，制作柔软不粘手的曲奇面团。

如果曲奇面团有一点粘手，可以在双手上沾上一点面粉。

将曲奇面团均等地分成如同核桃般大小的块状，用一只手的手指在另一只手掌中反复滚压成一个圆球形。

给曲奇面团塑形

将曲奇面团分割成大小均等的小块并按压成大小一致的圆球形。如果面团大小不一，烘烤出的曲奇就会大小不均。大个的曲奇没有烘烤成熟，而小个的曲奇却会烘烤过度。

练习制作曲奇
榛子和葡萄干燕麦曲奇

　　在美味可口、质地轻柔、酥脆疏松的燕麦曲奇中添加了葡萄干和榛子提味，试着制作这一道简单易做的曲奇，熟练掌握制作曲奇面团和塑形的技法，相信每一次的制作都会给你带来烘烤曲奇的完美体验。

制作18个　烘烤10~15分钟　最多可以保存8周

原材料

100克榛子

100克无盐黄油，软化

200克红糖

1个鸡蛋，打散

1茶勺香草香精

1汤勺蜂蜜

125克自发面粉，过筛（见第14页内容）

125克燕麦片

少许盐

100克葡萄干

少许牛奶，备用

榛子

无盐黄油

红糖

蛋液

香草香精

蜂蜜

自发面粉

燕麦片

盐

葡萄干

总时间30~35分钟，加上冷却的时间

准备时间 10分钟

制作时间 10分钟

烘烤时间 10~15分钟

1 将烤箱预热到190℃。将榛子放入烤盘内，在烤箱内烘烤5分钟，取出凉透后包入干净的茶巾内搓掉外皮，切碎备用。

小窍门： 根据自己的喜好，从节省时间上考虑，你可以使用烘烤好的碎榛子。

在烤箱内将榛子烘烤至外皮碎裂，就会非常容易地将榛子的外皮搓掉。

加入蜂蜜会让曲奇的质地更加滋润。

2 将黄油和红糖放入一个大盆内，使用电动搅拌器，将黄油打发至颜色变浅、质地蓬松的程度。加入蛋液、香草香精和蜂蜜，继续搅打至完全混合均匀。

小窍门： 要确保将黄油打发至颜色变浅、质地蓬松的程度，这样能保证曲奇的质地细腻柔滑。

3 将面粉、燕麦片和盐在另外一个盆内混合好，拌入打发好的黄油中。然后将榛子和葡萄干拌入，搅拌至所有的原材料都混合均匀。

要记住： 制作好的曲奇面团应是柔软到足以用来塑形但却不粘手的程度。如果面团太硬就加入少许牛奶，如果太粘手就加入少许面粉。

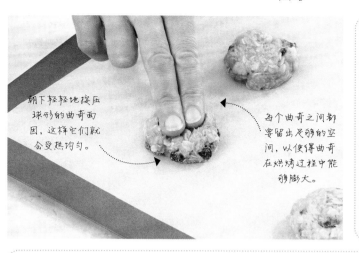

朝下轻轻地按压球形的曲奇面团，这样它们就会受热均匀。

每个曲奇之间都要留出足够的空间，以使得曲奇在烘烤过程中能够膨大。

4 在烤盘上铺好油纸。将曲奇面团揉成18个圆球形，摆放到烤盘上之后略微按压一下成为扁平状。然后放入预热好的烤箱内烘烤10~15分钟，或者烘烤至金黄色。取出后用抹刀将曲奇移至烤架上，使其冷却。

要记住：尽可能将曲奇面团揉搓成大小一致的圆球形，这样它们的成熟程度就会完全一致。

颜色金黄、口感酥松的榛子和葡萄干燕麦曲奇

你烘烤好的曲奇应该呈现出淡金黄色，并且中间略微柔软的质感中带有蓬松耐嚼的口感。

哪个步骤做得不对?

做好的曲奇太硬而不够香酥。烘烤的时间太长。记住曲奇在冷却的过程中会逐渐变硬。下次烘烤时，在烘烤到10分钟时就要检查一下，一旦边缘部分呈现淡金黄色，就要立刻从烤箱内取出。

曲奇粘连到了一起。在烤盘内摆放曲奇时，相互之间的空间不够大。再次烘烤曲奇时，曲奇之间要留出充足的空间，以利于曲奇的膨大。

有的曲奇烘烤的程度恰当，而另外一些却太脆硬。没有将曲奇面团揉搓成大小均等的圆球形。

曲奇的边缘部分烤焦了，但是中间位置还没有烘烤成熟。在烘烤之前，曲奇面团没有按压至扁平。

颜色金黄、口感酥松的曲奇应是边缘部分略微酥脆，中间部分色泽略浅，质感也略微柔软一些。

去试试更多的曲奇食谱 ▶ ▶ ▶

开心果和蔓越莓燕麦曲奇

制作24个　　烘烤　　最多可以
　　　　　10~15分钟　保存8周

原材料

100克开心果仁

100克无盐黄油，软化

200克红糖

1个鸡蛋

1茶匙香草香精

1汤匙蜂蜜

125克自发面粉，过筛

125克燕麦片

少许盐

100克蔓越莓干，切碎

少许牛奶，备用

将烤箱预热到190℃。在2~3个烤盘上铺好油纸。将开心果仁放入炒锅内用中火翻炒至略微上色并成熟，要小心不要炒煳。倒出之后冷却1分钟，切碎。

制作曲奇面团

将黄油和红糖一起放入盆内，使用电动搅拌器搅拌至细腻光滑状。加入鸡蛋、香草香精和蜂蜜搅拌至混合均匀。将面粉、燕麦片和盐拌入混合好。加入开心果和蔓越莓干，再次混合好。

补救措施！如果感觉制作的曲奇面团有点太硬，可以淋洒上一点牛奶使其变得柔软一些。

曲奇面团塑形

把曲奇面团分成核桃大小的块状，揉搓成圆球形。摆放到烤盘内，曲奇之间要留出足够的空间，轻轻地按压曲奇，使其表面平整。

要记住：如果没有将曲奇按压平整，那么曲奇在烘烤过程中受热就会不均匀，边缘部分易烤焦。

烘烤曲奇

在预热好的烤箱内，要一次一烤盘、分批次地烘烤曲奇，每次烘烤10~15分钟，直到烘烤至金黄色。取出曲奇后，在烤盘内先冷却一会儿，使其略微凝固变硬。再用抹刀将曲奇移到烤架上冷却透。

小窍门：曲奇在密闭容器内可以存放5天以上。

苹果和肉桂曲奇

去掉坚果和蔓越莓，在拌入面粉和燕麦片时，加入2茶匙肉桂粉和2个去皮、去核、擦碎的苹果。

巧克力粒（碎片）曲奇

制作30个　烘烤大约　最多可以
　　　　　30分钟　保存8周

原材料

200克无盐黄油，软化

300克细砂糖

1个大个鸡蛋

1茶勺香草香精

300克自发面粉

150克黑巧克力或者牛奶巧克力碎片

将烤箱预热至180℃。在2个烤盘内铺好油纸。

制作曲奇面团

将黄油和白糖一起放入到盆里，用电动搅拌器搅打2~3分钟直到打发至颜色变浅且呈蓬松状。

要记住：打发的过程可以让空气进入到黄油中，可以制作出质地更加轻盈的曲奇，所以这一操作步骤不可着急。

拌入鸡蛋、香草香精和面粉一起混合好，制作成一个柔软的面团。再将巧克力碎片拌入并混合均匀。

要注意！要确保将巧克力碎片全部与面团混合好，每一个曲奇中都会有巧克力碎片在其中。

曲奇面团塑形

把曲奇面团分成核桃大小的块状（是一个整核桃的大小，而不是半个核桃的大小），在手掌中揉搓成圆球形。然后摆放到准备好的烤盘内，曲奇之间要留出足够的空间，以便于曲奇在烘烤过程中膨大，轻轻地按压每一个曲奇至表面平整。

补救措施！如果制作好的曲奇面团感觉有点粘手，可以在手上沾上一点面粉以方便塑形。

烘烤曲奇

在预热好的烤箱内，分批次地将两烤盘曲奇分别烘烤12~15分钟，直到烘烤至金黄色。取出曲奇后，在烤盘内先冷却一会儿，然后再使用抹刀将曲奇移到烤架上使其凝固变硬并冷却透。

小窍门：巧克力粒曲奇无论热食或者冷食都非常美味可口。如果保存在一个密闭容器内，最多可以存放5天。

如何制作**饼干面团**

饼干面团非常容易制作，一旦制作好饼干面团，就可以将其切割成各种各样的造型，或者赋予各种喜欢的风味。在将黄油揉搓进面粉里的过程中，其关键之处在于要揉搓至颗粒细腻均匀，并且要将面团擀开成为薄且平整的片状。

用手指将黄油和面粉揉搓到一起，直到混合成为如同面包糠般的细小颗粒状。

要记住： 黄油与面粉一起形成的颗粒越细小，烘烤好的饼干越酥脆。

只需使用手指揉搓黄油和面粉，这样黄油在揉搓的过程中就不会融化。

油搓粉法制作饼干面团

将黄油在面粉中揉搓，将黄油揉搓成包裹有面粉的颗粒状，进而阻止面筋的形成。这样就会使烘烤好的饼干芳香"疏松"或者松脆香酥。随后只需轻缓地揉捏，就足以揉制成没有裂纹而光滑的面团。

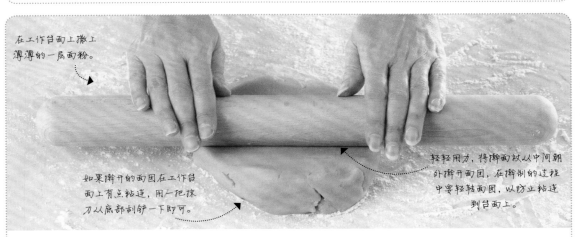

在工作台面上撒上薄薄的一层面粉。

如果擀开的面团在工作台面上有点粘连，用一把抹刀从底部刮铲一下即可。

轻轻用力，将擀面杖从中间朝外擀开面团，在擀制的过程中要轻转面团，以防止粘连到台面上。

擀开面团

在工作台面上和擀面杖上都要撒上面粉，这样面团就不会粘连。将双手放在擀面杖的两端，轻缓地朝外用力擀开面团，直到将面团擀开成为5毫米厚的平整片状。这样会确保所有的饼干受热均匀。

如何制作**酥饼**

酥饼是一款味道香浓而口感酥脆的饼干，可以制成角状、饼干造型或者手指形。富含黄油的特性给酥饼带来的是香酥或者"疏松"的质地，成功制作酥饼的关键点是不要过度揉搓面团。

制作酥饼面团

因为在酥饼面团中不含有任何膨松剂，因此你需要将黄油和糖一起打发（见第28页内容），将空气搅拌进去。然后将其余的原材料轻拌进去，制作出一个质地疏松的面团。

不要过度搅拌，否则制作好的酥饼就会失去其疏松的质地特点，从而口感变硬。

在制作到此步骤时，如果面团上面有些裂缝并不影响酥饼制作。

将饼干面团塑形

面团揉搓好之后，在不揉制面团的情况下，将面团塑成一个近似圆球的毛坯造型，其质地应轻柔而疏松。如果过度揉搓就会起筋，使得制作好的酥饼口感变硬。

制作出刻痕

将面团在模具内按压平整之后，可以使用一把锋利的刀进行"刻痕"或者刻画出块状的痕迹。这样做的目的是让制作好的酥饼容易切割开或者可以将酥饼分成块状。然后用一把叉子在按压平整的表面上戳上一些孔。

在酥饼整个表面上都要戳出孔眼，是为了在烘烤的过程中让蒸汽能够溢出，并防止酥饼鼓起，从而使其表面平整。

黄油饼干

想要快捷而容易地制作出各种饼干，可以使用"油搓粉法"，何不试试这一简单的食谱，制作芳香轻柔、香酥满口的黄油饼干？

制作30个　　烘烤　　　　不宜
　　　　　10~15分钟　冷冻保存

原材料

150克无盐黄油，软化并切成小丁

225克普通面粉，过筛（见第14页内容），
多备出一些用于撒面

100克细砂糖

1个蛋黄

1茶勺香草香精

所需器具

7厘米圆形切割模具

无盐黄油

普通面粉

细砂糖

蛋黄

香草香精

圆形切割模具

总时间25~30分钟，加上冷却的时间

准备时间
5分钟

制作时间
10分钟

烘烤时间
10~15分钟

1 将烤箱预热至180℃。用双手的指尖，将黄油、面粉和糖揉搓成面包糠般的颗粒状。再用木勺将蛋黄和香草香精混合进去。不需要将蛋黄全部都混合进去，只需能够混合成为一个柔软，但不粘手的面团即可。

小窍门：为节省时间，可以将面粉和黄油一起用食品加工机搅拌成如同面包糠般的颗粒状。

混合好的面团应该是柔软但是还有一点疏松易碎感。

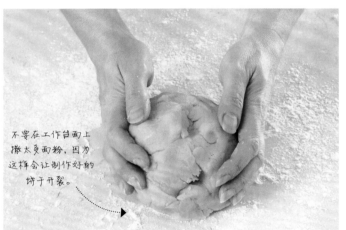

不要在工作台面上撒太多面粉，因为这样会让制作好的饼干开裂。

2 将面团塑成一个圆球形，然后从盆内取出，放置到撒有薄薄一层面粉的工作台面上。用手掌轻揉几下，朝外侧轻压，然后将外侧朝向中间再折叠过来。转动面团，重复此操作步骤，直到将面团揉至表面光滑。

补救措施！如果面团有点软，并且擀开时有点粘连，可以将面团先冷冻15分钟，然后再擀开。

3 要将面团擀开，可以先用手掌将面团略微按压平整，然后，使用擀面杖轻轻擀开，不需要太大的力道，将面团朝向一个方向，即朝向身体之外的方向擀开成为面片状。继续擀开，直到将面团擀成5毫米厚的面片。

小窍门：为了防止擀开的面团粘连到工作台面上，可以用一把抹刀从面团下面轻轻刮过。

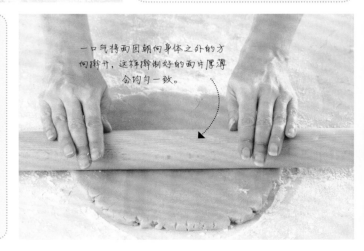

一口气将面团朝向身体之外的方向擀开，这样擀制好的面片厚会均匀一致。

4 使用切割模具，在擀开的面片上切割出30个圆形面片，将剩余的面片再塑成一团，并重新擀开使用，这样可以制作出最多的饼干。将切割好的饼干面片摆放到烤盘里。烤盘不需要涂油或者铺上油纸。放入烤箱内烘烤10~15分钟，或者烘烤到饼干边缘变成金黄色。让饼干在烤盘内略微冷却几分钟，然后取出摆放到烤架上冷却透。

将切割模具按压到擀开的面片中，往两侧轻轻地来回转动几下，直到将饼干圆片切割好。

金黄香酥的**黄油饼干**

完美的黄油饼干应该呈现出淡金黄色，质地酥脆而疏松。如果储存在密闭容器内，可以保存5天以上。

烘烤好的饼干，其边缘部分应该呈现出金黄色，中间位置为浅金黄色。

哪个步骤做得不对?

饼干面团非常粘手。或许蛋黄太多。下次制作时，加入能够将原材料黏合到一起的蛋黄即可。

饼干在烘烤的过程中边缘部分粘连到了一起。可能饼干面片相互之间没有预留出足够的距离。

饼干烘烤得非常干硬。可能是你在工作台面上擀开面团时撒入了过多的面粉所致。

饼干的边缘部分烘烤成了深棕色。可能是烘烤的时间太长。当饼干的边缘部分开始变成浅金黄色时就可以将饼干从烤箱内取出。

我不能制作出30块饼干。可能是擀开的面团厚薄不够均匀。你是否忘记了将剩余的面团重新擀开制成饼干?

去试试更多的饼干食谱 ▶ ▶ ▶

41

姜饼卡通小人

制作16个　　烘烤　　　不烘烤，
　　　　　10~12分钟　最多可以
　　　　　　　　　　保存8周

原材料

4汤勺糖浆

300克普通面粉，多预备一些，用于撒面

1茶勺小苏打

1½茶勺姜粉

1½茶勺混合香料

100克无盐黄油，软化并切成小丁

150克红糖

1个鸡蛋

葡萄干，用于装饰

糖粉，过筛（可选）

所需器具

11厘米姜饼卡通小人切割模具

将烤箱预热至190℃。

制作姜饼面团

将糖浆略微加热，至呈流淌状，然后略微冷却。将面粉、小苏打、姜粉和混合香料一起过筛。加入黄油，用手指揉搓，至形成面包糠般的小颗粒（见第26页内容）。拌入红糖。将鸡蛋搅打进糖浆中，倒入干粉材料中。用木勺搅拌，再揉搓成面团。

要注意！让加热好的糖浆冷却一会儿，否则其过高的温度会让鸡蛋成熟并将黄油融化。

将姜饼面团塑形

略微揉搓面团，在撒有面粉的工作台面上略微揉搓面团至光滑。擀开面团至5毫米厚。

要注意！在擀开面团时，不要在工作台面上撒过多面粉，否则饼干会变得干硬。

使用切割模具，切割出尽可能多的姜饼卡通小人造型。将剩余的面片重新揉制后擀开，继续切割。将制作好的姜饼卡通小人摆放到不粘烤盘内，用葡萄干分别制作出眼睛、鼻子和纽扣的造型。

烘烤和装饰

烘烤10~12分钟或者烘烤至金黄色，略微冷却，取出摆放到烤架上冷却透。不要过度烘烤，否则饼干会非常脆硬。

进行装饰，将少量的糖粉与足量的水混合到一起，搅拌成为稀薄的糖霜。用糖霜制作出衣服和领结造型。静置到糖霜完全凝固定型。

酥饼

制作8块

烘烤
30~40分钟

不宜
冷冻保存

原材料

150克无盐黄油，软化，多备出一些，用于涂抹模具

75克细砂糖，多备出一些，用于撒面装饰

175克普通面粉

50克玉米淀粉

所需器具

18厘米活动底圆形蛋糕模具

将模具涂抹上薄薄的一层黄油，并铺好油纸备用。

制作酥饼面团

将软化后的黄油和糖加入一个盆内混合好，然后使用电动搅拌器搅打2~3分钟，或者一直打发至颜色变浅且呈蓬松状。将面粉和淀粉一起过筛到打发好的黄油中。用手和成面团，然后放入模具中。

要记住： 此步骤和好的面团会略微疏松易裂开。

要注意！ 不要过度揉搓面团，否则制作好的酥饼其质地不会轻柔而酥松。

面团塑形

按压面团，用手将面团按压到模具中，直到面团铺满整个模具，且表面平整光滑。用一把锋利的刀，在酥饼上刻画出八块等分的划痕。用餐叉在表面戳上一些孔洞，然后盖上锡纸放入冰箱内冷冻1小时。将烤箱预热至160℃。

烘烤酥饼

烘烤酥饼，放入预热好的烤箱内烘烤30~40分钟，烘烤至淡金黄色并呈一体状。

要注意！ 在烘烤的过程中，要随时关注酥饼烘烤的程度，因为其上色非常快，一旦上了色，可以盖上锡纸后再继续烘烤。

重新刻画出划痕，用一把锋利的刀趁热在酥饼上原来刻画好的痕迹位置上，重新刻画得清晰一些。在其表面撒上一层糖，放至冷却透。然后小心地从模具中取出酥饼。沿着刻画好的划痕，将酥饼切割出8块角形的块状，摆放到餐盘内。

小窍门： 在密闭容器内，酥饼可以保存5天。

如何制作**蛋白霜**

蛋白霜是通过将大量的空气搅拌进入蛋清中，然后再将糖搅拌进去制作而成的。搅打好的蛋白霜经过造型，再用低温长时间烘烤，让其中的水分完全溢出，只留下轻若无物却带有脆硬质感、洁白如玉的蛋白霜。

要确保使用的盆非常干净，在使用之前可以用半个柠檬在盆内擦拭一遍。

要时常用胶皮刮刀将溅出在盆边的蛋白霜刮取到盆内搅拌好。

当你抬起搅拌器时，搅拌器上带出的蛋白霜呈尖峰状并保持形态不变形，表示蛋白霜已经搅拌好。

要注意！蛋清中不可以带有任何油脂或者蛋黄的成分，否则蛋清无法打发至硬性发泡。在将蛋清和蛋黄分离时也要小心，不要弄破蛋黄，从而让蛋清沾染上蛋黄。

搅打蛋清

要制作出质轻却香脆且硬的蛋白糖霜，你必须用电动搅拌器长时间持续地搅打蛋清。这个持续的搅打过程使蛋清中的蛋白质成分能够扩展开来，这有助于将空气充分地吸收进蛋清中，并因此增大蛋清体积。

要注意！如果你在蛋清还没搅打起泡之前就加入了白糖，制作好的蛋白霜会太软。

随着每一次加入白糖之后的搅打，蛋清会变得更加细腻光滑和蓬松。

打发好之后的蛋白霜会呈现出光滑而坚挺的尖峰状。

当蛋清呈现出细腻光滑而坚挺的尖峰状时，就可以停止打发了。

加入白糖搅打

使用电动搅拌器，一次加入一勺白糖搅打，过快加入白糖会让正在搅打中的蛋清体积收缩。在每一次加入白糖充分搅打之后，要让白糖完全在蛋清中溶化吸收。当白糖完全溶化吸收之后，在蛋清中会感觉不到有颗粒状的白糖存在。没有完全溶化的白糖会吸收水分，使得制作好的蛋白霜潮湿回软。

草莓巴甫洛娃蛋糕（草莓蛋白甜饼）

这一道风味绝佳的草莓巴甫洛娃蛋糕，将甜美多汁、口感犀利的草莓与香脆甘甜的蛋白霜进行了组合搭配。这是一道令人回味无穷的甜点，而一旦你掌握了制作蛋白霜的基本技能，制作起来就会非常轻松简单。草莓巴甫洛娃蛋糕作为晚宴甜品时，可以提前制作好，在上桌之前再将它们组合搭配到一起即可。

供8人食用　烘烤1小时　不宜
　　　　　20分钟　冷冻保存

原材料

6个蛋清，室温下
少许盐
大约360克细砂糖（见步骤1中的"小窍门"内容）
2茶勺玉米淀粉
1茶勺白葡萄酒醋
300毫升浓奶油
草莓，去蒂切成两半，用于装饰（也可以选用其他种类的水果）

蛋清

盐

细砂糖

玉米淀粉

白葡萄酒醋

浓奶油

草莓

总时间1小时40分钟，加上冷却的时间

| **准备时间**
5分钟

| **制作时间**
10分钟

| **烘烤时间**
1小时20分钟

| **装饰时间**
5分钟

1 将烤箱预热到180℃。在烤盘内铺好的油纸上，以20厘米的圆盘作模板，用铅笔在油纸上画出一个圆圈形。将蛋清和盐一起搅打至起泡。

小窍门： 你需要双倍于蛋清重量的细砂糖。在开始搅打之前，先称一下蛋清的重量，然后计算出你需要多少糖。

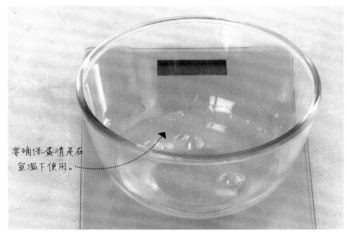

要确保蛋清是在室温下使用。

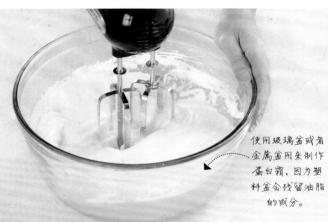

使用玻璃盆或者金属盆用来制作蛋白霜，因为塑料盆会残留油脂的成分。

2 逐渐加入糖，一次加入一勺，每次加糖后都要搅拌均匀。继续搅打至蛋清坚挺而有光泽，然后加入玉米淀粉和白葡萄酒醋搅拌好。

为什么？ 玉米淀粉和白酒醋会使蛋白霜具有更加柔和、筋道的质感，并且可以防止蛋白霜崩塌。

要注意！ 要分次逐渐加入糖，否则蛋白霜会变软。

3 将搅打好的蛋白霜用勺舀到烤盘内油纸上用铅笔画好的圆圈内。先舀到中间位置，然后用抹刀将蛋白霜涂抹到画好的圆圈线内。将蛋白霜涂抹出规整的螺旋形造型图案。放入到烤箱内烘烤5分钟，然后将温度降到130℃并继续烘烤75分钟，直到将蛋白霜烘烤至香脆而干硬的程度。在烤箱内自然冷却透。

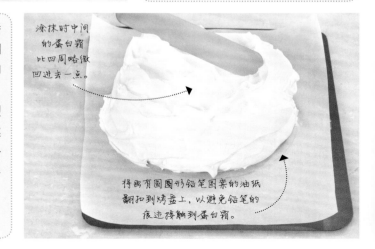

涂抹时中间的蛋白霜比四周略微凹进去一点。

将画有圆圈形铅笔图案的油纸翻扣到烤盘上，以避免铅笔的痕迹接触到蛋白霜。

4 与此同时，用电动搅拌器缓慢地打发浓奶油至出现看得见的纹路。将冷却好之后的蛋白霜摆放到餐盘内，将打发好的浓奶油用勺舀到蛋白霜的中间处，空出一圈边缘位置不要涂抹奶油，在表面摆放上草莓进行装饰，然后上桌。

要注意！ 在上桌之前将奶油和草莓添加到蛋白霜表面上，添加过早，蛋白霜会软化而不香脆。

将浓奶油打发至刚好湿性发泡即可，否则打发至太硬的甜奶油不易涂抹。

美轮美奂的草莓巴甫洛娃蛋糕
你制作完成的巴甫洛娃蛋糕应该具备香脆的口感并且呈现乳白色，中间柔软而有嚼劲。

哪个步骤做得不对?
蛋清没有打发至硬性发泡。 蛋黄或者器皿工具上残留的油脂进入了蛋清中。

蛋白霜的体积增加得不够大。 你可能在还没有搅打好蛋清之前就加入了糖。

蛋白霜在烘烤好冷却之后塌陷了。 最好是在关闭电源的烤箱中让蛋白霜完全自然冷却透，这样可以防止温度突然变化引起的蛋白霜塌陷或者碎裂开。

蛋白霜柔软而不够脆硬。 你可能在蛋白霜还没有冷却透时就开始装饰了，或者在蛋白霜上将浓奶油涂抹得太满。下次制作巴甫洛娃蛋糕时，在上桌之前才开始装饰，涂抹浓奶油时，在蛋白霜的外沿留出一圈边缘部分不要涂抹，以防止边缘变软和塌陷裂开。

打发至柔软细腻的甜奶油。

带有几道小裂纹的香脆而甘甜的蛋白霜。

按照食谱去试试制作更多的蛋白霜 ▶▶▶

热带水果巴甫洛娃蛋糕

供8人食用　烘烤1小时20分钟　不宜冷冻保存

原材料

6个蛋清，室温下

少许盐

大约360克细砂糖（见"小窍门"中内容）

2茶勺玉米淀粉

1茶勺白葡萄酒醋

300毫升浓奶油

400克芒果和木瓜，去皮，切成小粒

2个西番莲，切成两半

将烤箱预热到180℃。在烤盘内铺好的油纸上，用铅笔画出一个20厘米的圆圈形。将画有圆圈形铅笔图案的那一面油纸翻扣到烤盘上，以避免铅笔的痕迹印到蛋白霜上。

小窍门： 在开始制作蛋糕之前，先称出6个蛋清的质量，然后精确称取双倍质量的细砂糖。

制作蛋白霜

将蛋清与盐一起放入一个大号的、无油脂的盆内。使用电动搅拌器进行搅打，一直搅打至蛋清呈现出纹路。一次加入一勺，逐渐加入糖，每次加入糖之后都要搅拌均匀。继续搅打至蛋清变得非常坚挺而有光泽，然后加入玉米淀粉和白葡萄酒醋打发好。

为什么？ 加入玉米淀粉和白葡萄酒醋，会让蛋白霜中间增加筋道感，但是外壳却还质地香脆。

塑形和烘烤蛋白霜

将蛋白霜用勺舀到烤盘内油纸上画好的圆圈内。先舀到中间位置，然后用抹刀涂抹均匀，烘烤5分钟，然后将温度降到130℃继续烘烤1小时15分钟，烘烤至香脆而干硬的程度为好。关闭烤箱电源，不要打开烤箱门，让蛋白霜在烤箱内自然冷却透。

要注意！ 在蛋白霜没有烘烤好之前不要打开烤箱门。否则蛋白霜会收缩、开裂。

装饰和服务上桌

使用电动搅拌器打发甜奶油，直到湿性发泡。将烘烤好的蛋白霜从油纸上取下来，摆放到餐盘内，在上桌之前，将打发好的浓奶油涂抹到蛋白霜上，然后将准备好的各种水果摆放到浓奶油上。用勺子将西番莲汁和籽舀到水果上进行装饰。

小窍门： 烘烤好的蛋白霜在密封容器内妥善保管，最多可以保存1周。在上桌之前，再将水果装饰到蛋白霜上，这样可以防止其浸水软化。

大黄姜味蛋白霜蛋糕

供6~8人　　烘烤　　　不宜
食用　　1小时5分钟　冷冻保存

原材料

4个蛋清，室温下

少许盐

325克细砂糖

600克大黄，切成碎末

4片姜，切成末

1/2茶勺姜粉

250毫升浓奶油

糖粉，撒面装饰用

将烤箱预热到180℃。在2个烤盘内分别铺好油纸，并分别用铅笔画出一个18厘米的圆圈。将画有圆圈形铅笔图案的那一面油纸翻扣到烤盘上，以避免铅笔的痕迹印到蛋白霜上。

制作蛋白霜

将蛋清与盐一起放入一个大号的、无油脂的盆内。使用电动搅拌器搅打搅打至蛋清呈现出纹路。加入225克糖，一次加入一勺，每次加糖之后都要搅打均匀。继续搅打至蛋清变得非常坚挺而有光泽。

要记住：在将蛋清搅打出现纹路之前不要加入糖，否则烘烤好的蛋白霜会变得柔软而不脆硬。

塑形和烘烤蛋白霜

将搅打好的蛋白霜分成两份，用抹刀将蛋白霜涂抹到用铅笔画好的圆圈轮廓线内。放入烤箱内先烘烤5分钟，然后将烤箱温度降到130℃并继续烘烤1小时，最后关闭烤箱电源，让蛋白霜在烤箱内自然冷却透。

为什么？让蛋白霜在关闭电源的烤箱内慢慢冷却透是为了防止蛋白霜形成太多的裂纹。

装饰蛋白霜和服务上桌

将大黄、剩余的糖、姜和姜粉一起放入汁锅内，加水没过原材料。盖上锅盖用小火加热焖煮20分钟，或者直到原材料成熟。捞出控净汁液并使其冷却，放入冰箱内冷藏。使用电动搅拌器将浓奶油打发至湿性发泡。然后将冷藏保存的大黄混合物拌入浓奶油中。将烘烤好的蛋白霜从油纸上取下，将其中的一个蛋白霜圆片摆放到餐盘内，将大黄和姜味奶油涂抹到蛋白霜上，将另外一个蛋白霜圆片覆盖到上面。在蛋白霜的表面多撒上一些糖粉装饰。切割成片状后立刻上桌。

小窍门：烘烤好的蛋白霜圆片在密封容器内妥善保管，可以保存5天以上。始终记住在上桌之前再进行各种装饰，这样可防止蛋白霜浸水软化。

如何**挤出蛋白霜**

你可以将蛋白霜挤出成为圆形、手指形，甚至是大个的扁平圆片造型，用于制作分层的甜品。你还可以用勺将蛋白霜涂抹成你所希望的形状，但是使用裱花袋挤出蛋白霜会更加快速方便，也会呈现出更加专业的水准，一旦你掌握了这种技法，造型也不会显得过于凌乱。要用勺制作出蛋白霜的造型，可以使用两把甜品勺，舀取足量的蛋白霜在两把勺之间反复进行涂抹，制作出你所希望的造型。

任何玻璃杯，只要开口不是过大，都可在填装蛋白霜时对裱花袋起到支撑作用。

将裱花袋的开口处朝下翻转，可以使填装蛋白霜更加容易。

在每一次挤出圆形蛋白霜之后，都要轻轻地朝下按压一下裱花嘴，以防止挤出的蛋白霜成尖形。

在挤出的蛋白霜之间留出足够的空间，以利于蛋白霜摊开。

填装裱花袋

在裱花袋内装入圆口或者星状裱花嘴，然后放入玻璃杯内进行支撑。将蛋白霜用勺舀入裱花袋中，装好后，挤拧几下裱花袋的上部，这样可以让蛋白霜沉入到裱花袋尖部位置的裱花嘴处。

挤出圆形的蛋白霜造型

用一只手握紧裱花袋的上部，用另一只手对裱花嘴进行方向引导，轻缓地用力挤压，使得蛋白霜能够均匀地从裱花嘴中挤出。扶稳裱花嘴进行挤出操作，直到挤出一个圆片形的蛋白霜造型。

挤出扁平的圆片造型蛋白霜

要将蛋白霜挤出成为一个大的、扁平的圆片造型，可以从中心开始呈螺旋状挤出蛋白霜，大约1厘米厚。

在油纸上画出一个圆形的轮廓参考线，并在中心开始挤蛋白霜的位置处标记一个十字记号。

覆盆子奶油蛋白霜

制作
6-8块

烘烤
1小时

不宜
冷冻保存

原材料

4个蛋清，室温下

大约240克细砂糖（见"小窍门"中内容）

100克覆盆子

300毫升浓奶油

1汤勺糖粉，过筛

所需器具

裱花袋和圆口裱花嘴

将烤箱预热到130℃。在2个烤盘内分别铺好油纸备用。

小窍门： 在开始操作之前先将蛋清称重并计算出细砂糖用量。你需要使用两倍于蛋清质量的糖。

打发蛋白霜

将蛋清放入一个大号的、干净的、无油脂的盆内。使用电动搅拌器搅打至蛋清呈现出清晰的纹路。逐渐将一半用量的糖加入进去，一次加入两勺，每次加糖后都要搅拌均匀。继续搅打，并逐渐将剩余的糖都加入进去并搅拌至完全吸收。

要注意！ 要确保糖是逐渐搅拌加入的，否则烘烤好的蛋白霜会变软。

挤出造型和烘烤蛋白霜

使用装有圆口裱花嘴的裱花袋。在铺好的油纸上挤出圆形蛋白霜。蛋白霜之间距离5厘米。或者使用甜品勺将蛋白霜舀到烤盘内。放入烤箱内烘烤1小时。关掉电源，让烤好的蛋白霜在烤箱内冷却透。

要记住： 烘烤好之后的蛋白霜非常香脆和干燥，在轻敲蛋白霜底部时，会发出空洞的声音。

夹馅和服务上桌

用餐叉将覆盆子弄碎。用电动搅拌器将浓奶油搅打至湿性发泡，不要过度搅打。将弄碎的覆盆子和糖粉一起拌入到浓奶油中混合好。在准备上桌时，在一半蛋白霜上涂抹覆盆子奶油，将另外一半蛋白霜摆放到覆盆子奶油上并轻轻按压到一起。迅速上桌。

小窍门： 烘烤好之后没有夹馅的蛋白霜，在密封容器内，可以保存5天以上。上桌之前再进行装饰，防止蛋白霜浸水软化。

红糖蛋白霜

制作18块　烘烤1小时　不宜
　　　　　　　　　　冷冻保存

原材料

4个蛋清，室温下

200克红糖

300毫升浓奶油

85克黑巧克力，切碎成小片状

所需器具

裱花袋和圆口裱花嘴

将烤箱预热到130℃。在2个烤盘内分别铺好油纸备用。

制作蛋白霜

将蛋清放入一个大号的、干净的、无油脂的盆内。使用电动搅拌器搅打至蛋清呈现出清晰的纹路。

要注意！要确保你使用的盆和搅拌器上不带有一点油脂或者蛋黄。甚至一点油的痕迹或者蛋黄的成分都会妨碍到将空气完全搅拌混合进入到蛋清中，并且让蛋清打发得不够彻底。

逐渐加入红糖，一次2汤勺，每次加糖后要充分搅拌均匀。继续搅打至蛋清变得浓稠和有光泽。

挤出造型和烘烤蛋白霜

在铺好油纸的烤盘内使用装有圆口裱花嘴的裱花袋挤出圆形蛋白霜。蛋白霜之间距离5厘米。或者使用甜品勺将蛋白霜舀到烤盘内。总共需要制作36个圆形蛋白霜。放入烤箱内烘烤1小时。要确保蛋白霜烤至变脆。关掉电源，让蛋白霜在烤箱内自然冷却。然后取出摆放到烤架上冷却透。

要记住：烘烤好的蛋白霜非常香脆和干燥，在轻敲蛋白霜底部时，会发出空洞的声音。

装饰蛋白霜和服务上桌

打发甜奶油，用电动搅拌器将甜奶油搅打至湿性发泡。将巧克力放入耐热盆内，摆放到热水锅上隔水融化巧克力，直到呈现细腻光滑状。

要注意！不要让盛放巧克力的耐热盆底接触锅内的水，否则巧克力会因加热过度而出现颗粒状。

准备上桌时，将一半蛋白霜涂抹上一些打发好的浓奶油，再摆放上另外一半蛋白霜，将它们牢稳地挤压到一起。将制作好的红糖蛋白霜摆放到餐盘内，淋撒上一些巧克力之后迅速上桌。

开心果蛋白霜

制作8块　　烘烤1小时　　不宜
　　　　　　30分钟　　冷冻保存

原材料

100克原味、去壳开心果仁

4个蛋清，室温下

大约240克细砂糖（见"小窍门"中内容）

将烤箱预热到130℃。在1个烤盘内铺好油纸备用。

小窍门： 将蛋清称重并计算出所需要的细砂糖用量。你需要两倍于蛋清重量的细砂糖。

准备开心果仁

将开心果仁平铺到一个烤盘内，放入烤箱烘烤5分钟，然后取出放入一个干净的茶巾内揉搓，以去掉果仁皮，用食品加工机将一半开心果仁打碎成粉末状，另一半用刀稍稍切碎。

打发蛋白霜

将蛋清放入一个大号的、干净的、无油脂的盆内。使用电动搅拌器搅打至蛋清呈现出清晰的纹路。逐渐地加入糖，一次2汤勺的量，每次加入糖之后要充分搅拌均匀，直到加入一半用量的糖并全部吸收。将剩余的糖和开心果粉末一起慢慢地拌入蛋清中。

要记住： 拌入白糖和开心果碎末时，要非常小心，以确保不让蛋白霜中的气泡消泡，从而导致蛋白霜的体积缩小。

塑形和烘烤蛋白霜

将一满勺的蛋白霜舀到铺好油纸的烤盘内，相互之间要留出足够的空隙，因为在烘烤的过程中蛋白霜会涨大。在蛋白霜的表面撒上开心果仁碎末。放入烤箱内烘烤1小时30分钟，或者一直烘烤到香脆而干燥的程度，然后关闭烤箱开关，让蛋白霜在烤箱内自然冷却透。这样做有助于最大限度地减少在蛋白霜上出现裂纹数量的可能性。

小窍门： 这样烘烤好的蛋白霜，如果在密封容器内妥善保管，最多可以保存3天。

如何制作**免烤奶酪蛋糕**

简易奶酪蛋糕不需要烘烤，因为填入的奶油奶酪馅料由吉利丁进行凝固定型。吉利丁是一种使用起来非常方便的由动物蛋白质制成的胶凝剂，有粉状或透明的片状。填入的柔软丝滑的奶油奶酪馅料被打发至非常细腻柔滑，与奶酪蛋糕酥脆的饼干底座形成了鲜明的对比。

奶酪蛋糕底座使用的饼干需要制作成非常细小的颗粒状，否则底座很容易碎裂开，并且不会对奶酪蛋糕起到有效的支撑作用。

用勺子的背面用力朝下按压饼干碎末以形成一层厚度均匀的蛋糕底座。

小窍门：绝大多数饼干都可以用于制作蛋糕底座。你也可以使用食品加工机直接将饼干搅打成碎末状。

制作奶酪蛋糕底座

传统的奶酪蛋糕底座是将融化的黄油与饼干碎末混合到一起，然后按压到模具中制成的。经过冷藏之后，黄油会凝固并与饼干碎末形成一个牢固的整体底座，用来支撑填入其中的奶油奶酪馅料。将饼干放入到厚塑料袋内，用擀面杖擀压成类似于面包糠的细小颗粒状（见第106页内容）。

小窍门：在使用之前，吉利丁片必须完全溶化好，否则奶油奶酪就不能凝固成型。也可以使用吉利丁粉，其使用方法与吉利丁片相同。

融化吉利丁

吉利丁片在使用之前必须掰成小块并在液体中浸泡至软化，这样会让吉利丁变得柔软，当放到小火上隔水加热时，吉利丁可以吸收水分并完全溶解。此时要搅拌至看不见有颗粒状的吉利丁。待冷却3~5分钟之后再加入到奶油奶酪中。吉利丁在奶油奶酪中会重新形成凝胶，这样就会将奶油奶酪凝固成为一个整体。

完全溶化之后的吉利丁会呈现清澈、细腻光滑的液体状。

制作奶油奶酪馅料

常用的典型奶油奶酪馅料是将打发好的奶油与奶油奶酪一起混合制作而成的，或者使用类似的奶酪产品，例如马斯卡彭奶酪或者乳清奶酪等。制作出味道绝佳的奶油奶酪馅料的关键之处在于要将奶油奶酪打发至非常细腻光滑的程度，然后轻缓地以画8字的方式将打发好的奶油与奶油奶酪叠拌混合到一起，以确保经过混合之后其体积不会缩小。

要确保奶油奶酪在打发成为没有颗粒的细腻状馅料之前是在室温下存放。

练习制作免烤奶酪蛋糕
柠檬奶酪蛋糕

试着按照食谱制作出这一款简单易做但却甘美丰厚的柠檬奶酪蛋糕。在酥脆的饼干底座上结合了非常细腻柔滑的奶油奶酪馅料。这款深受人们喜爱的柠檬奶酪蛋糕，还可以提前制作好，无论是举办各种主题的晚宴或者是用于家庭聚餐等场合，都是非常理想的选择。

供8人
食用

需要4小时
凝固定型

不宜
冷冻保存

原材料

250克助消化饼干

100克无盐黄油

4片吉利丁片，掰碎

2个柠檬，擦取柠檬碎皮，并挤出柠檬汁

350克奶油奶酪，室温下

200克细砂糖

300毫升浓奶油

所需器具

23厘米圆形卡扣式蛋糕模具

消化饼干

无盐黄油

柠檬碎皮和柠檬汁

明胶片

奶油奶酪

细砂糖

浓奶油

卡扣式蛋糕模具

总时间35分钟，加上至少4小时冷藏凝固的时间

准备时间
5分钟

制作时间
30分钟

定型时间
4小时或者1晚上

1 在模具内铺好油纸。将饼干放入一个厚塑料袋内，用擀面杖将饼干擀压成碎末状。将黄油用小号汤锅融化开，然后将饼干碎末拌入黄油中直到混合均匀。最后倒入模具底部并按压平整结实。

小窍门： 如果饼干碎末与黄油拌和好之后有些松散，并且无法按压成一个整体，只需在饼干碎末中再加入一点融化黄油并搅拌均匀即可。

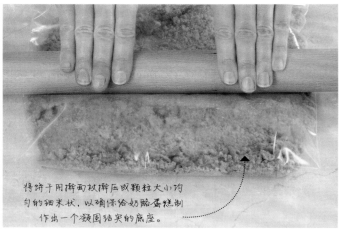

将饼干用擀面杖擀压成颗粒大小均匀的细末状，以确保给奶酪蛋糕制作出一个凝固结实的底座。

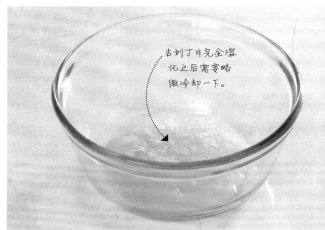

吉利丁片完全溶化之后需要略微冷却一下。

2 将吉利丁片置于盛有柠檬汁的碗中浸泡5分钟。然后将碗放到热水锅上隔水加热使其溶化。端出碗冷却3~5分钟。用电动搅拌器将奶油奶酪、糖和柠檬碎皮一起打发，直到非常光滑细腻，要确保奶油奶酪全部打发，没有颗粒出现。

小窍门： 最好是在奶油奶酪软化之后再打发——只需在使用之前提前大约1小时从冰箱内取出奶油奶酪即可。

3 清洁电动搅拌器配件，然后在盆内将浓奶油打发至湿性发泡。将溶化的吉利丁拌入奶油奶酪中混合好，然后用画8字的方法小心地将打发好的甜奶油叠拌入奶油奶酪中。

要注意！ 要非常轻柔地将打发好的甜奶油叠拌进奶油奶酪中，以确保奶油不会消泡而使体积缩小。

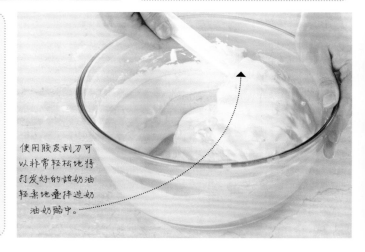

使用胶皮刮刀可以非常轻松地将打发好的甜奶油轻柔地叠拌进奶油奶酪中。

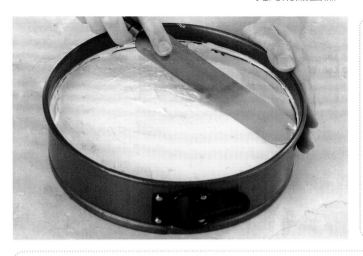

4 将制作好的奶油奶酪馅料用勺舀到饼干底座上，并将表面涂抹至均匀平整。然后放入冰箱内冷藏4小时，或者冷藏一晚上一直到凝固为止。松开模具侧面的卡扣并朝上推即可取出蛋糕。然后将奶酪蛋糕摆放到餐盘内，去掉模具底座和油纸。

小窍门：可以在解开卡扣之前用刀沿着模具内侧的边缘刻划一圈，以让奶酪蛋糕与模具侧面分离开。

细腻柔滑而香浓的柠檬奶酪蛋糕

成功制作完成的柠檬奶酪蛋糕应该凝固为一体状，并带有柔软的奶油质地和酥脆的饼干底座。如果你喜欢，可以在柠檬奶酪蛋糕表面撒上一些柠檬碎皮丝做装饰。

饼干制作成的奶油奶酪底座应紧密结实，厚薄均匀，没有明显的颗粒感。

奶油奶酪馅料质地轻柔，并且没有颗粒呈现。

哪个步骤做得不对？

奶酪蛋糕过于柔软。冷藏的时间不够，以至于吉利丁凝固没有到位。为取得最佳效果，可以将奶酪蛋糕冷藏一晚上。

奶酪蛋糕中有颗粒状的质地。奶油奶酪在加入其他材料搅打之前没有软化到位。再次制作的时候，要确保至少提前1小时从冰箱内取出使其软化。

饼干底座太松散。黄油不足，以至于饼干颗粒无法凝聚到一起，或者饼干不够细小。再次制作的时候，要将饼干擀压至非常细小均匀的颗粒状，并使其与黄油完全混合均匀，根据需要，可以在饼干碎末中多添加一点融化后的黄油。

按照食谱去试着制作更多的免烤奶酪蛋糕 ▶▶▶

樱桃奶酪蛋糕

供6人
食用

需要2小时
凝固定型

不宜
冷冻保存

原材料

75克无盐黄油，多备出一些用于涂抹模具

200克助消化饼干，擀压成细末状

2块250克乳清奶酪，控干汁液

75克金砂糖

2个柠檬，擦取碎皮并挤出柠檬汁

140毫升浓奶油

6片吉利丁片，掰成小片

400克罐装黑樱桃，或者糖渍莫里罗黑樱桃，控净汁液并保留汁液备用

所需器具

20厘米圆形卡扣式蛋糕模具

在蛋糕模具底部涂抹上黄油，并铺上油纸。

制作奶酪蛋糕

在汤锅内融化黄油并将饼干碎末拌入搅拌均匀。用勺舀入准备好的蛋糕模具中，用力按压平整均匀。放入冰箱内冷藏保存。

将乳清奶酪、金砂糖和柠檬碎皮一起搅打至细腻顺滑状。

在另一个盆内，打发浓奶油至湿性发泡。将打发好的浓奶油叠拌进奶酪混合物中。

与此同时，将柠檬汁和吉利丁片一起放入一个小碗里，浸泡5分钟。然后放入热水锅内，用小火隔水加热至吉利丁片完全溶化，注意不要过度加热，以免破坏了吉利丁片的稳定性。取下后让其冷却一会

儿，然后慢慢地倒入奶酪混合物中，搅拌均匀。将制作好的奶酪蛋糕馅料用勺舀到饼干底座上，将表面涂抹平整。冷藏2小时或者直到凝固定型。

装饰蛋糕和服务上桌

将樱桃汁液倒入汤锅内烧开，用小火熬煮一会儿，浓缩至剩余1/4且呈糖浆状。放到一边使其冷却。小心地从模具中取出奶酪蛋糕，摆放到餐盘内。

要注意！在从模具内取出奶酪蛋糕之前，最好使用抹刀沿着模具的内侧边缘刻划一圈，以防止奶酪蛋糕粘连到模具内侧而碎裂开。

装饰樱桃，在奶酪蛋糕的表面上，浇淋上樱桃糖浆并装饰上樱桃，将奶酪蛋糕切成块状之后服务上桌。

草莓奶酪蛋糕

 供8~10人食用　 冷藏1小时　 不宜冷冻保存

原材料

50克无盐黄油

100克优质黑巧克力，切碎成小块状

150克助消化饼干，擀压成细末状

400克马斯卡彭奶酪，室温下

2个青柠檬，擦取碎皮并挤出柠檬汁

2~3汤勺糖粉，多预备出一些，用于撒面装饰

225克草莓，去蒂洗净，切成两半

所需器具

20厘米圆形卡扣式蛋糕模具

在蛋糕模具中铺上油纸，放到一边备用。

制作奶酪蛋糕底座

在一个耐热盆内用小火隔水加热，融化黄油和巧克力（见第96页内容）。将融化好的黄油和巧克力倒入饼干碎末中搅拌均匀。用勺舀入准备好的蛋糕模具中，用力按压平整均匀。放入冰箱内冷藏保存。

制作奶酪馅料

将马斯卡彭奶酪、青柠檬碎皮（保留一点用于装饰）、青柠檬汁，一起在一个盆内搅打好，加入适量糖粉调味。将制作好的奶酪馅料用勺舀到模具内饼干底座上，将表面涂抹平整。冷藏1小时或者直到凝固定型。

要记住： 因为在奶酪馅料中没有添加吉利丁片用于凝固奶酪蛋糕，因此要确保冷藏凝固的时间足够，直到奶酪蛋糕凝固成为一体，能够切成块状。

装饰蛋糕和服务上桌

在上桌之前，将奶酪蛋糕从模具内取出，摆放到餐盘内。将切成两半的草莓摆放到奶酪蛋糕边上，将保留的青柠碎皮撒到中间，再撒上糖粉装饰，然后切成块状服务上桌。

小窍门： 你也可以使用其他口味的饼干来代替消化饼干。如果想要制作成味道更加浓郁的巧克力风味的饼干底座，可以使用巧克力碎片曲奇。用姜汁饼干制作底座也是非常不错的选择。

如何使用从商店购买的**成品油酥面团**

作为制作糕点时所使用面团的替代品，你可以使用从商店购买的成品面团。成品面团可以是各种油酥面团和
各种酥皮面团。这些面团，或许是块状的，可以直接擀开后使用，或者已经擀开成薄片状，非常方便实用。
就当作是节省宝贵的时间吧，而不是偷懒或者作弊——就连工作多年的大厨们都使用从商店购买的成品油酥
面团。

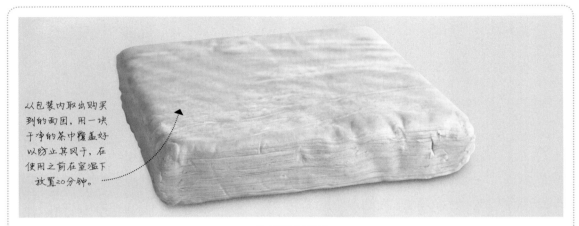

从包装内取出购买
到的面团，用一块
干净的茶巾覆盖好
以防止其风干，在
使用之前在室温下
放置20分钟。

块状酥皮面团

保持酥皮面团是卷在
一起的状态，直到使
用时才打开——这样
酥皮就不会风干。

在使用之前在室温下
放置20分钟，这样做
能够防止油酥面团
在展开时碎裂开。

已经擀开成薄片，又卷成卷的酥皮面团

成品油酥面团的购买

你可以购买各种各样的用黄油制作而成的、呈一定
规格的、可以直接使用的油酥面团和酥皮面团，黄
油带来质量上乘、入口即化的口感。经过烘烤之后
这两种面团品质如一，但是推荐购买全黄油型的成
品面团，其风味更加浓郁。所有的成品面团种类，
无论是块状的，还是卷状的，都适合于冷冻保存。

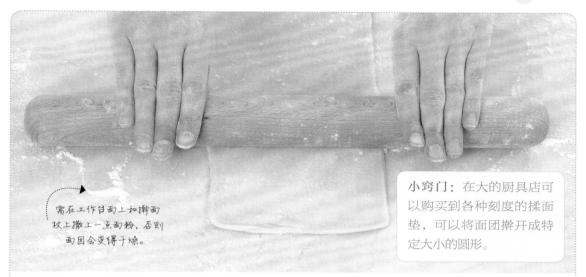

需在工作台面上和擀面杖上撒上一点面粉，否则面团会变得干燥。

小窍门：在大的厨具店可以购买到各种刻度的揉面垫，可以将面团擀开成特定大小的圆形。

擀开面团

将成品面团摆放到撒有薄薄一层面粉的工作台面上。擀面杖也撒一点面粉，向身体外侧均匀用力地擀开面团。将面团转动45°继续擀制。塔或者派（馅饼）擀至5毫米厚，具体情况依据食谱要求。

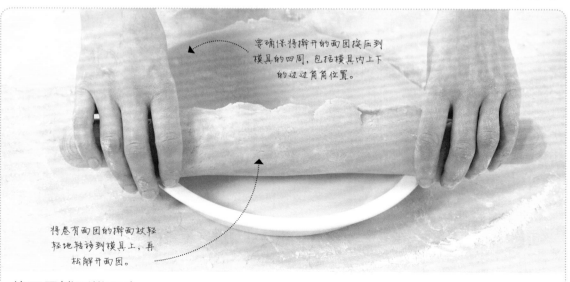

要确保将擀开的面团按压到模具的四周，包括模具内上下的边边角角位置。

将卷有面团的擀面杖轻轻地转移到模具上，再松解开面团。

将面团铺到模具内

使用擀面杖卷起擀开的面团覆盖到模具上，面团需比模具多5厘米，用手将其按压进模具的底部和四周。割除多余的面团。放入冰箱内冷藏30分钟以松弛面团，防止面团在烘烤的过程中收缩。

牛肉蘑菇派

你掌握了所有成品面团详尽的使用方法，此时此刻已经万事俱备了，来试试制作这一道经典的派，保证会给你的客人留下难忘而又深刻的印象。我们会一步一步、事无巨细地教会你如何去制作出美观大方的酥皮表面装饰——不会在烘烤的过程中变得湿软，以及如何去创作出具有特色的派装饰花边。

❄

供4~6人　　烘烤　　　不宜
食用　　25~35分钟　冷冻保存

原材料

1千克炖熟的牛肉，切成2.5厘米见方的丁

30克普通面粉，加入一点儿盐和胡椒粉混合好

500克各种蘑菇，挤净水分切成片

4颗火葱，切成末

900毫升牛肉汤，根据需要可以多备出一些

盐和现磨的黑胡椒粉

6根香芹，将叶切成碎末

500克购买的成品酥皮面团

1个鸡蛋，打散，做成蛋液

所需器具

2升派模

炖熟的牛肉

普通面粉

火葱

鲜蘑菇

香芹

牛肉汤

蛋液

盐和胡椒

酥皮面团

派盘

总时间3小时~3小时40分钟

准备时间
5分钟

制作时间
2½~3小时，包括烤焖牛肉

烘烤时间
25~35分钟

1 将烤箱预热至180℃。在牛肉上撒上面粉轻轻搅拌好。然后将牛肉、蘑菇、火葱和牛肉汤一起放入一个砂锅内。烧开之后盖上盖，放入烤箱内烤焖2~2¼小时，直到牛肉成熟，酱汁变得浓稠。调味，拌入香芹之后倒入馅饼模具内。

为什么？ 用调味面粉拌好的牛肉在加热过程中会让酱汁变得浓稠。

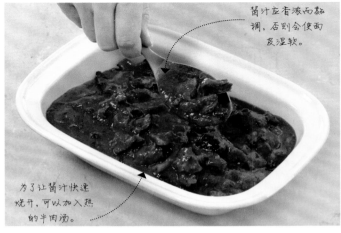

酱汁应着浓而黏调，否则会使面皮湿软。

为了让酱汁快速烧开，可以加入热的牛肉汤。

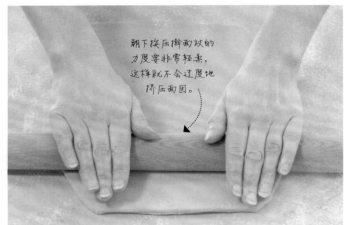

朝下按压擀面杖的力度要非常轻柔，这样就不会过度地挤压面团。

2 将烤箱的温度调高至220℃。在撒有少许面粉的工作台面上，将酥皮擀开至5毫米厚，四周要比馅饼模具宽出5厘米。

要记住： 为了确保擀开的面团厚薄均匀，要从身体处朝外侧的方向连续擀开，每擀开一次转动面团45°角度。

3 从擀开的面团上切割下一条细长条形的面团。在馅饼模具的边缘处涂刷上一点冷水，将长条形面团按压到模具的边缘处，在长条形面团上涂刷上一点蛋液，在模具表面覆盖上剩余的面团，将多余的部分修剪掉。

补救措施！ 如果酱汁太稀薄，先将牛肉材料捞出，将酱汁倒入锅内用大火烧开，将汤汁熬至浓稠。

粘在模具边缘位置的长条形面团，会与覆盖在其上面的派皮粘为一体，并会防止覆盖在表面的面团滑落到派中。

4 将派表面上的面团与边缘处的长条形面团用力按压到一起。用手指在边沿处朝下按压，同时用小刀的刀背朝内回收，制作出造型均匀的花边。在表面涂刷上蛋液，并挖出一个1厘米左右的透气孔。将制作好的派放入冰箱内冷藏15分钟，使酥皮松弛，以防止在烘烤时收缩，最后将松弛好的派放入烤箱内烘烤25~35分钟。

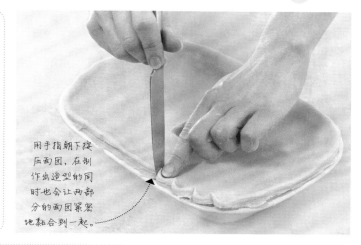

用手指朝下按压面团，在制作出造型的同时也会让两部分的面团紧密地黏合到一起。

香浓而完美的**牛肉蘑菇派**

制作成功的牛肉蘑菇派应该是一个香酥脆嫩、层次分明、表面金黄诱人、内里馅料美味可口、滋味浓郁的佳作。

哪个步骤做得不对?

表面凹陷进馅料中。 可能是装填的馅料不够多，不足以支撑住表面的面团。或者是馅料汤汁过多，再或者是你使用的派盘太大。

面团没有涨起，并且变得湿软。 烤箱必须预热至200℃，这样面团能够快速烤熟。

馅料溢出，并且流得到处都是。 派盘不够大，导致馅料在烘烤时沸腾溢出。

馅饼表面在没有烘烤成熟和膨发到位之前就已经上色很深。 可能是你擀开的面团太厚。再次制作的时候，要确保面团擀开的厚度不超过5毫米。

派应该烘烤至色泽金黄，酥脆，并且熟透。

馅饼中的馅料味道浓郁厚重，汁液浓稠，没有明显的汤汁出现。

去试试更多的成品糕点面团烘焙食谱 ▶▶▶

鳕鱼肉韭葱派

供4人 食用	烘烤 20~30分钟	不烘烤 可以保存 3个月

原材料

1汤勺橄榄油

1个洋葱，切成细末

盐和现磨的黑胡椒粉

4棵韭葱，切成薄片

1茶勺普通面粉

150毫升苹果酒

2汤勺香芹叶，切碎

150毫升浓奶油

675克白鱼肉，例如黑线鳕鱼、鳕鱼或者绿鳕鱼等，切成块

300克成品酥皮面团

1个鸡蛋，打散，做成蛋液

所需器皿

1个2升的派模（派盘）

将烤箱预热至200℃。

制作馅料

在大号炒锅内将油烧热。加入洋葱和盐，用小火煸炒4~5分钟至洋葱变软且透明。加入韭葱，用小火煸炒8~10分钟至变软。拌入面粉，先加入一点苹果酒炒制，然后将剩余的苹果酒逐渐加入，慢火熬煮成细腻的酱汁，再继续熬煮5~8分钟至浓稠。

要注意！要确保酱汁在加到鱼肉中之前是非常浓稠的状态。否则，过多的汤汁会让面团变得湿软。

在韭葱混合物中，拌入香芹末、浓奶油和鱼肉并混合。用盐和胡椒调味。将馅料舀到派模中。

覆盖好酥皮并烘烤馅饼

在撒有少许面粉的工作台面上擀开酥皮面团，直到比派模宽出5厘米。在面团上切割出一个宽度为1厘米的长条形面团，沿着模具边缘用水粘贴好。

为什么？在模具边缘上粘贴好一条面团是为了防止覆盖在表面上的面团滑落到馅料中。

在边缘处的面团上涂刷蛋液，然后覆盖上擀开的面团，去掉多余的部分。将两层边缘处的面团按压到一起密封好，然后用小刀在面团表面上切割出2个排气孔。在派表面涂刷上蛋液，放入预热好的烤箱内烘烤20~30分钟，或者一直烘烤到馅饼充分涨起并变成金黄色。取出后趁热食用。

酥皮香肠卷

制作24份　　烘烤　　不烘烤
　　　　　10~12分钟　最多可以
　　　　　　　　　　保存12周

原材料

250克成品酥皮面团

少许普通面粉，撒面用

675克香肠

1个洋葱，切成细末

1汤勺百里香叶

1汤勺擦取的柠檬皮碎末

1茶勺法国第戎芥末

1个蛋黄

盐和现磨的黑胡椒粉

1个鸡蛋，打散，做成蛋液涂刷酥皮用

准备酥皮面团

将酥皮面团纵长切割成两半，在撒有薄薄一层面粉的工作台面上，将酥皮面团分别擀开成为一个30厘米×15厘米的长方形。覆盖好锡纸后放入冰箱内冷藏30分钟。将烤箱预热至200℃。将烤盘铺上油纸后也放入冰箱内冷藏保存。

为什么？ 冷藏擀开的面团是为了防止酥皮面团在烘烤的过程中收缩过多。

制作馅料

在一个盆内混合好香肠、洋葱、百里香、柠檬碎皮、芥末和蛋黄并调味。用手将馅料用力搅拌混合均匀，然后分成均等的两份。

制作酥皮卷并烘烤

将制作好的香肠馅料制作成两条长度相同的棍状，每一条的长度足以摆放到擀开的酥皮面团的中间位置。将馅料摆放到酥皮上，在酥皮周围涂刷上蛋液，然后将一侧的酥皮朝上翻转过来覆盖住香肠馅料。将接口处按压紧密，以密封住馅料。分别切割成12块。摆放到冷藏好的烤盘内，在每一个香肠卷表面上都斜切出一条刀痕装饰图案，涂刷好蛋液。

为什么？ 在每一个香肠卷的表面斜切出一条刀痕，是为了在烘烤的过程中让蒸汽能够逸出，以防止酥皮面团变得绵软。

烘烤酥皮香肠卷，放入烤箱内烘烤10~12分钟，或者一直烘烤到膨发起来，颜色金黄。可以趁热食用，或者移到烤架上冷却透再食用。

如何制作**速发面包**

速发面包，顾名思义，就是不需要醒发就可以制作的一类面包。调制这一类面包的面团，只需要非常短的揉制时间，因为没有使用酵母，所以，这一类面包根本不需要膨发或者"醒发"。要让这一类型的面包膨发起来，使用的是其他种类的膨松剂来代替酵母，例如泡打粉、小苏打或者自发粉等。

脱脂乳可以在超市奶油区的货架上找到。

在盆内的材料中间做出一个窝穴，加入脱脂乳，并逐渐将干粉材料与脱脂乳拌和到一起。

加入酪乳

许多速发面包都使用小苏打作为膨松剂，为了使其膨发到位，你可以加入酪乳。酪乳是一种浓稠的并且呈乳脂状的液体，是在牛奶中添加了乳酸菌发酵而制成的。酪乳中的酸性成分与小苏打起反应会产生二氧化碳，能够制作出质地轻柔、膨发蓬松的面包。

对于速发面包，面包面团略微发黏是正常的现象。

要确保在工作台面上撒有一层面粉。

把面团揉搓到一起

揉面时，手上要撒一些面粉，将所有的原材料都揉搓到一起成略显粗糙的面团，并塑成圆形。制作好的面团，略微带有一点黏性。不用担心撒在工作台面上那些过多的面粉，这些面粉让面团不会干裂。

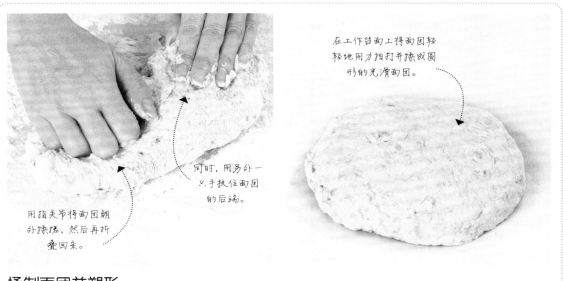

在工作台面上将面团轻轻地用力拍打并拍成圆形的光滑面团。

用指关节将面团朝外推压，然后再折叠回来。

同时，用另外一只手扶住面团的后端。

揉制面团并塑形

只需将面团揉制光滑即可，因为化学膨松剂会让面团膨发。一旦你将面团揉制成了光滑的圆形，就可以制作出各种面包造型并烘烤了，因为面团中的膨松剂会让面团马上开始膨发。

苏打面包

现在，你已经了解到制作速发面包是多么轻松简单，那么，就来试试制作这一款方便易做的苏打面包吧，其根本就不需要揉面！

制作　　　烘烤　　　不宜
1条面包　35~40分钟　冷冻保存

原材料

500克高筋全麦面包粉，最好是石磨碾压而成的全麦面粉，多备出一些，用于撒面

1½茶勺小苏打

1½茶勺盐

500毫升酪乳，根据需要，可以多备出一些

无盐黄油，涂抹模具用

高筋全麦面包粉　　　　　小苏打

盐

酪乳　　　　　无盐黄油

总时间50~55分钟，加上冷却的时间

准备时间　　　　制作时间　　　　烘烤时间
5分钟　　　　　10分钟　　　　　35~40分钟

快速拌和陈酪
成为一个柔软
的、略带一点黏
性的面团。

1 将烤箱预热至200℃。将面粉、小苏打过筛，与盐一起放入一个盆内，将过筛后的面筛中所有的麦麸也都加入盆内。在盆内的面粉中间做出一个窝穴，将酪乳倒入其中，用手将面粉拌和进酪乳中，揉搓成一个柔软的面团。

小窍门：最好是用手来拌和面团，因为这样可以防止将面团过度地揉搓。

2 制作好的面团应该非常柔软，如果有点干硬，可以再加入一点酪乳。不同种类的面粉具有不同的吸水性，就是一个批次的面粉其吸水性也会略有不同。将揉制好的面团从盆内取出，放置到撒有面粉的工作台面上塑成圆形。

要小心！ 如果你过度地揉搓面团，制成的面包会很沉重。

只需塑成一个光
滑的面团即可，面
团上或许会带有些
许裂纹。

在面团表面切割
出深度为1厘米的
十字花刀刻痕。

3 在烤盘内涂抹上黄油。摆放上塑好形的面团，重新拍打将面团塑成一个大约5厘米高的圆形，用一把锋利的刀在面团表面切割出一个十字花刀刻痕。

为什么？ 在面团的顶端切割出一个十字形的花刀刻痕，会让面团更容易膨胀开，以帮助面团在烘烤的过程中膨发均匀。

轻轻敲打面包的底部，如果已经烤熟，会发出空洞的声音。

4 将切割好的面团放入烤箱内烘烤35~40分钟，直到变成漂亮的深棕色。取出后摆放到烤架上略微冷却——这会让空气在面包四周自由流动，防止水分在面包底部凝聚，水分会让面包底部变得湿软。

小窍门： 这一类面包最好趁热食用，但是也可以在密闭容器内存放1~2天。

色泽金黄、香酥而柔软的**苏打面包**

你制作成功的苏打面包应该呈现出金黄的深棕色，膨发饱满，具有轻柔、可以同蛋糕相媲美的质地。

面包膨发均匀。

面包的"内心"呈现柔软而疏松的质地。

面包的脆皮略微有些碎裂开，但却不干硬。

哪个步骤做得不对？

面包中间过于潮湿。面包烘烤的时间不够，应该烘烤至中间干透。

面包膨发得不够均匀。你没有将所有的干粉材料一起过筛，以至于膨松剂在干粉中分布不够均匀。

苏打面包非常干硬。烘烤的时间过长，或者存放的时间过长——苏打面包只能保存几天。

苏打面包的外皮干硬。烘烤面包的时间过长，导致外皮过硬。在烘烤35分钟时敲打面包的底部时，如果发出空洞的声音就表示已经熟透了。

去试试更多的速发面包食谱 ▶ ▶ ▶

南瓜面包

制作	烘烤	最多可以
1条面包	50分钟	保存8周

原材料

300克普通面粉，多备出一些，用于撒面

100克全麦自发面粉

1茶勺小苏打

1/2茶勺盐

120克南瓜或者冬南瓜，去皮，去籽，擦碎

30克南瓜籽

300毫升酪乳

将烤箱预热至220℃。在一个烤盘内铺好油纸。

制作面包面团

将面粉、小苏打过筛，与盐一起放入一个盆内，加入擦碎的南瓜和南瓜籽混合好。在盆内的面粉混合物中做出一个窝穴，将酪乳倒入其中。

为什么？ 将小苏打和酪乳混合到一起会发生反应产生二氧化碳，起到类似于面包膨松剂的作用。

用手将面粉拌和进酪乳中，揉搓成一个带有黏性而柔软的面团。将面团取出，放置到撒有面粉的工作台面上轻轻揉搓2分钟直到面团变成光滑状。

补救措施！ 如果你感觉到揉搓时的面团太过于粘手，可以再加入一点面粉。

面包塑形和烘烤

塑形，将揉好的面团塑成15厘米的圆形并摆放到烤盘内。用一把锋利的刀，在表面上刻划出一个十字花刀刻痕，用来帮助面包在烘烤的过程中膨发到位。

在预热好的烤箱内烘烤30分钟直到膨发起来，然后将烤箱的温度下调至200℃，再继续烘烤20分钟，或者一直烘烤到面包成熟，此时面包的底部用手指轻轻敲打时会发出空洞的声音。从烤箱内取出使其冷却一会儿，然后摆到烤架上冷却至少20分钟，将面包切成片状或者块状之后再端上桌。

小窍门： 南瓜面包如果用纸包装好可以保存3天以上。

玉米面包

供8人　　　烘烤　　　不宜
食用　　20~25分钟　冷冻保存

原材料

60克无盐黄油，或者烤培根时滴落的油，可增加特殊风味，融化后冷却好，多备出一些，用于涂抹模具

2个甜玉米棒，可以取下大约200克玉米粒

150克细玉米面

125克高筋面粉

50克细砂糖

1汤勺泡打粉

1茶勺盐

2个鸡蛋

250毫升牛奶

所需器具

23厘米耐火铸铁煎锅，或者同尺寸的活动底圆形蛋糕模具

将烤箱预热至220℃。在锅内或者模具内涂抹上黄油或者培根滴油，放入烤箱内预热。

制作面包面团

用手垂直扶住甜玉米棒，用一把锋利的刀将玉米粒小心地切割下来，然后将玉米棒上残留的玉米粒用刀背全部刮取下来。

小窍门： 如果没有新鲜的玉米棒，可以使用200克的罐头装玉米粒，需控净水分。

将玉米面、面粉、糖、泡打粉和盐一起过筛到一个大号盆内。拌入玉米粒。在另外一个盆内，将鸡蛋、融化的黄油或者培根滴油以及牛奶搅打到一起，混合均匀。将3/4量的牛奶混合液倒入面粉材

料中搅拌好，然后将剩余的牛奶混合液倒入其中搅拌好，直到混合均匀。

要注意！ 不要过度搅拌面团，否则玉米面包会变得坚硬。

烘烤面包

使用耐高温手套，将预热好的锅或蛋糕模具从烤箱内取出，将面糊倒入。如果因为温度过高而吱吱响并起泡不要在意，这是正常现象。在表面迅速涂刷上黄油或者培根油脂。放入烤箱内烘烤20~25分钟。烤好后，玉米面包会从锅边略有收缩，插入一根木签拔出时木签应该是干净的。从烤箱内取出，连同锅或者模具一起放到烤架上略微冷却一会儿。

将玉米面包切成块状，趁热食用。因为玉米面包不易保持住造型。

2
强化篇

你通过参照食谱练习制作，目前已经了解并熟悉和掌握了更多的烘焙技能，并积累下了一定的技术。现在你可以静下心来，学习如何制作传统的搅打至乳脂状的蛋糕、入口即融的布朗尼蛋糕，制作咸香口味或者甘甜口味的派和塔的油酥饼皮，同时还要学习如何准备酵母和揉制面团以制作出膨发至松软的完美级别的面包。

在这一部分的内容中，你会学会如何烘焙：

搅打至乳脂状的蛋糕
第82~95页

布朗尼蛋糕
第96~105页

烤奶酪蛋糕
第106~113页

使用油酥面团制作的塔和派
第114~131页

酵母面包
第132~145页

如何制作**搅打至乳脂状的蛋糕**

有一些最传统的蛋糕，例如巧克力蛋糕和维多利亚海绵蛋糕，都需要打发成乳脂状，简单说来，就是你需要先将黄油和糖一起搅打至非常柔软、呈乳脂状的程度，然后再加入其他原材料。每次制作蛋糕时，搅打成乳脂状是非常重要的一个步骤，因为搅打的过程会让空气进入到混合物中，这样能够制作出完美的、质地轻柔而且蓬松的蛋糕。

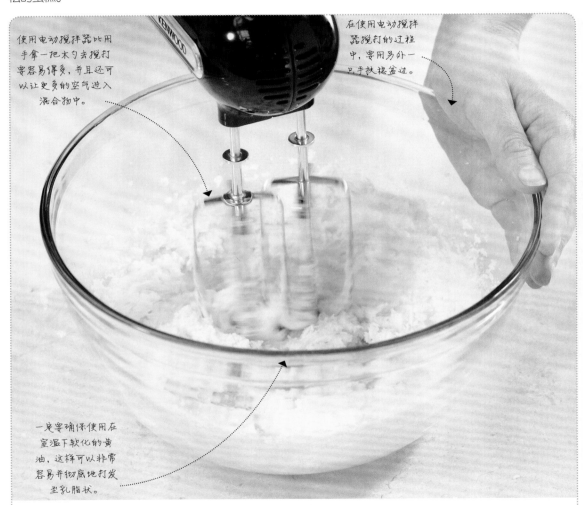

使用电动搅拌器比用手拿一把木勺去搅打要容易得多，并且还可以让更多的空气进入混合物中。

在使用电动搅拌器搅打的过程中，要用另外一只手扶稳盆边。

一定要确保使用在室温下软化的黄油，这样可以非常容易并彻底地打发至乳脂状。

将黄油打发成乳脂状

将黄油和糖一起搅打，直到混合物呈现出浅色而蓬松的状态。使用电动搅拌器比手拿一把木勺去搅打要方便容易得多，并且会让更多的空气进入混合物中。打发的过程会让糖晶体进入黄油中，产生空气泡，因此，混合物打发地越彻底，最后烘烤出的蛋糕质地越疏松。

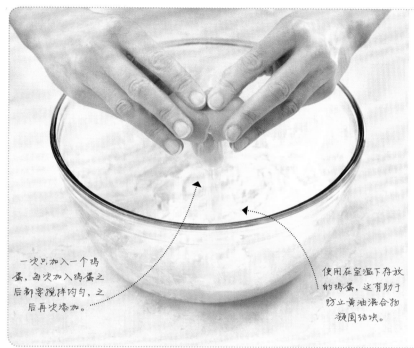

加入鸡蛋

将鸡蛋加到黄油和糖的混合物中，可以将所有的原材料黏合为一体，起乳化剂的作用，并使所有的原材料更加细腻顺滑。要注意，鸡蛋要逐渐地加入进去，因为过快加入鸡蛋会使混合物凝结在一起，并且如同炒好的鸡蛋一般结成块状。如果真出现了这种状况，也不用太过于担心，在随后每次加入鸡蛋时，只需添加一汤勺面粉即可。随后将剩余的面粉搅拌进去。

一次只加入一个鸡蛋，每次加入鸡蛋之后都要搅拌均匀，之后再次添加。

使用在室温下存放的鸡蛋，这有助于防止黄油混合物凝固结块。

干粉材料过筛和翻搅

干粉材料要一起过筛，目的是使面粉颗粒充分地混入空气、更好地吸收液体，同时增大蛋糕的体积。

为避免其中的空气泡碎裂，要使用一把大的金属勺子轻缓地将干粉材料叠拌进黄油混合物中。

烘焙蛋糕的**科学原理**

烘烤蛋糕的过程就是将几种简单的原材料通过化学作用转化成为梦幻般的，令人垂涎欲滴的蛋糕的过程。了解一些在这些转化过程中所涉及的科学原理将会有助于你去理解，为什么只需使用某些原材料和一些特殊的技法就可以创造出如此令人叹为观止的蛋糕作品。

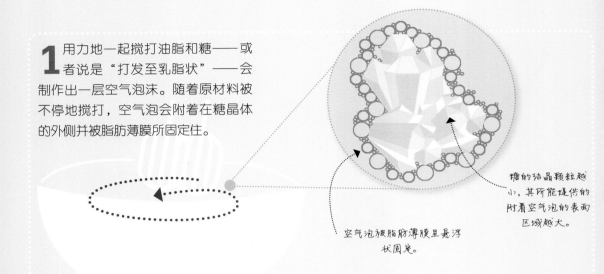

1 用力地一起搅打油脂和糖——或者说是"打发至乳脂状"——会制作出一层空气泡沫。随着原材料被不停地搅打，空气泡会附着在糖晶体的外侧并被脂肪薄膜所固定住。

糖的结晶颗粒越小，其所能提供的附着空气泡的表面区域越大。

空气泡被脂肪薄膜呈悬浮状固定。

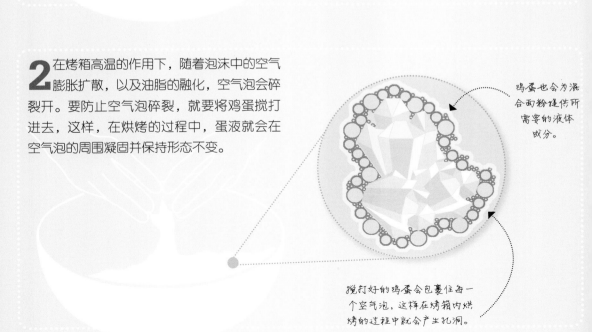

2 在烤箱高温的作用下，随着泡沫中的空气膨胀扩散，以及油脂的融化，空气泡会碎裂开。要防止空气泡碎裂，就要将鸡蛋搅打进去，这样，在烘烤的过程中，蛋液就会在空气泡的周围凝固并保持形态不变。

鸡蛋也会为混合面粉提供所需要的液体成分。

搅打好的鸡蛋会包裹住每一个空气泡，这样在烤箱内烘烤的过程中就会产生孔洞。

3 当与液体材料混合好之后，面粉中的蛋白质就会起到黏合的作用，产生面筋结构。加热后会凝固并使蛋糕中的组织结构趋于稳定。但是如果面筋过多，蛋糕就会变得有韧性而不会过于柔软并呈现出松散的质地。

面筋含量低的面粉最适合用来制作蛋糕。

当面粉中两种不同的蛋白质结合成长链后就会产生面筋。

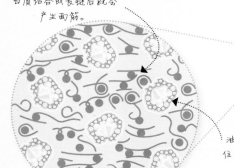

油脂也会将面筋成分包裹住，帮助减少面筋的形成。

采用轻缓地画出8字的搅拌方式，将面粉搅拌进蛋液中，这样会防止产生过多的面筋。

4 绝大多数蛋糕中都含有某一种化学膨松剂，在烘焙过程中会产生二氧化碳和水蒸气。它们进一步将蛋糕面糊中的空气泡进行了扩展，让蛋糕进一步膨发，并且质地更加轻柔，孔洞也更加密集。

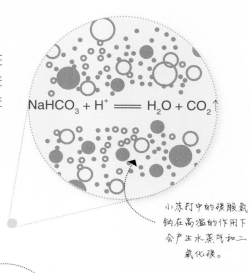

$$NaHCO_3 + H^+ \Longrightarrow H_2O + CO_2 \uparrow$$

随着空气泡的扩展，面粉中的面筋变得有弹性，使得蛋糕进一步膨发。

小苏打中的碳酸氢钠在高温的作用下会产生水蒸气和二氧化碳。

随着烤箱内蛋糕面糊温度的继续升高，蛋液开始凝固，面筋也开始定型，最终就形成了蛋糕中的组织结构。

练习制作打发至乳脂状的蛋糕
巧克力蛋糕

制作出一款品质上乘的海绵蛋糕的秘诀其实非常简单，就是混入尽可能多的空气，因为这些空气是制作出质地轻柔而蓬松的海绵蛋糕的保证。试试制作这一款闻名遐迩的巧克力蛋糕，伴随着浓郁扑鼻的奶油夹馅和飘洒在蛋糕表面的洁白糖霜，借此可以证明自己，出自你的双手的一款打发至乳脂状、飘香四溢的蛋糕会是多么轻松自如。

供6~8人食用　烘烤20~25分钟　不添加馅料可以保存8周

原材料

175克无盐黄油，软化，多备出一些，用于涂抹模具

175克红糖

3个鸡蛋

125克自发面粉

50克可可粉

1茶勺泡打粉

2汤勺希腊风味酸奶或者浓稠的原味酸奶

夹馅材料

50克无盐黄油，软化

75克糖粉，多备出一些，撒在表面装饰

25克可可粉

少许牛奶，备用

所需器具

2个17厘米圆形蛋糕模具

无盐黄油　　　红糖　　　鸡蛋

自发面粉　　　可可粉　　　泡打粉

酸奶　　　糖粉　　　圆形蛋糕模具

总时间55~60分钟

准备时间 5分钟　　　制作时间 25分钟　　　烘烤时间 20~25分钟　　　装饰时间 5分钟

1 将烤箱预热至180℃。在蛋糕模具内涂抹上黄油，在底部和侧边四周都铺上油纸，备用。

小窍门：切割出一条比蛋糕模具的周长略微长出一点的长纸条铺在侧面，用剪刀沿着一侧的长边剪出一些小的45°的角状，能使油纸服帖。将蛋糕模具的底部摆放到油纸上，然后沿着边缘画出一个圆圈，再剪下来铺到蛋糕模具底部。

先铺好四周侧面的油纸，再铺底部的油纸，因为铺在底部的圆形油纸要盖住从侧面伸展出的油纸部分。

铺在四周侧面的油纸要高出模具的侧面上边缘2厘米。

在打发的过程中要随时将飞溅在盆侧面和边缘处的混合物用胶皮刮刀刮下，以使得黄油混合物更加均匀。

2 将软化好的黄油和红糖一起放入一个搅拌盆内，使用电动搅拌器将这两种材料一起打发至颜色变浅并且呈蓬松状。

要记住：你必须将黄油和红糖一起打发至少2~3分钟，否则制作好的蛋糕不会呈现出疏松的质感。在此阶段，混合物打发得越彻底，就会有越多的空气混合进入黄油混合物中。

3 将鸡蛋一次一个地分次加到打发好的黄油混合物中，每次加入鸡蛋之后都要使用电动搅拌器搅打均匀才可以再次加入。刚加入鸡蛋时，鸡蛋看起来与黄油混合物呈分离状态，但是随着持续的搅打，它们就会逐渐地混合到一起，并呈现出一种"乳化"的状态，或者呈现出更加柔软如奶油的样子。

经过充分的搅打，成为乳脂状的黄油混合物应该是颜色变成浅色，并且呈现出蓬松的质地。

4 将面粉、可可粉和泡打粉过筛到另外一个盆内。用一把金属勺子，按照画8字的方式将干粉材料轻缓地叠拌进黄油混合物中。将酸奶也叠拌进去。叠拌干粉材料时，动作一定要轻缓，以避免让混合物中最为关键的空气泡碎裂开。

小窍门： 虽然不是必须如此，但是从能够混入更多的空气角度考虑，你可以将干粉材料过筛两次。

干粉材料过筛时，离搅拌盆的高度越高越好。

过筛时，只需轻轻敲打面筛的边缘位置即可。

将蛋糕混合物均匀地涂抹到蛋糕模具的四周边缘处。

5 通过用勺交替舀取的方式，将蛋糕面糊均匀地分装到两个蛋糕模具中，直到两个蛋糕模具中的蛋糕面糊质量均等。然后用抹刀将表面涂抹平整，放入烤箱内烘烤20~25分钟，直到均匀地膨发起来。

小窍门： 将蛋糕面糊朝向四周涂抹均匀，这样中间位置处就会略微下陷一点儿，这样做，是为了防止经过烘烤之后蛋糕中间鼓起太多。

6 在蛋糕中间插入一根木签，如果拔出时是干净的，表示蛋糕已经烤熟（见第19页，步骤6中的内容）。在蛋糕模具中冷却5分钟后，将蛋糕从模具中取出，摆放到烤架上冷却透并去掉油纸。

补救措施！ 如果拔出的木签上粘有蛋糕面糊也无须惊慌失措。只需将蛋糕再放回到烤箱内，继续烘烤几分钟之后再测试一下即可。

在蛋糕冷却好之后再隔掉油纸——否则蛋糕容易干燥变硬，并且一部分蛋糕会随着油纸而被隔掉。

7 要制作奶油夹馅，将黄油、糖粉和可可粉一起快速搅打至顺滑、柔软并且彻底混合均匀的程度即可。

补救措施！ 如果搅打好的奶油馅料使用起来有点硬，可以加入几滴牛奶，再重新搅打至柔软可以涂抹的程度即可。

混合均匀之后，黄油馅料应足够柔软，可以轻松地进行涂抹。

使用抹刀将奶油馅料均匀地涂抹到巧克力蛋糕上。

8 将一个冷却透的巧克力蛋糕较平整的那一面朝上（底面朝上），涂抹上奶油馅料。上面摆上另外一个蛋糕。两个蛋糕较平整的那一面要对在一起。放好后摆到餐盘内。在蛋糕表面均匀地撒上一层糖粉装饰，要确保糖粉撒得均匀并覆盖住蛋糕。

小窍门： 制作好的巧克力蛋糕如果放在密闭的容器中，可以保存2天。

口感浓郁、堪称完美之作的**巧克力蛋糕**

口感浓郁、堪称完美之作的巧克力蛋糕，应该呈现出软糯滋润而轻柔蓬松的质地，经过烘烤之后膨发得非常到位。

蛋糕表面上撒有一层薄薄的糖粉作装饰。

奶油夹心馅料涂层厚重且涂抹地均匀平整。

海绵蛋糕本身质地疏松并且气泡致密。

哪个步骤做得不对?

烘烤好的巧克力蛋糕中间凹陷了。蛋糕还没有烘烤成熟就从烤箱内取出来了。下次烘烤的时候，用木签插入蛋糕中间先测试一下蛋糕烘烤的成熟程度，并且不要过早地打开烤箱门，以防止蛋糕凹陷。

蛋糕质感沉重。可能是加入鸡蛋过快，搅拌不均匀，形成了结块。经过烘烤后膨发不到位，因为蛋糕面糊中会因为出现了结块而呈现出分离的状态，其结果是蛋糕粗糙并且手感沉重。

蛋糕看起来干硬。可能是烘烤的时间太长，或者冷却的时间过久。

蛋糕中间鼓起得太高了。你设置的烤箱温度太高，或者是添加的泡打粉过多。

蛋糕没有膨发到位。可能是加入的泡打粉不足，或者是叠拌干粉材料时，搅拌过度，以至于空气泡碎裂开的太多。

蛋糕的边缘湿润。或许是蛋糕在模具内停留的时间太久，以至于没有冷却透。

去试试更多的打发至乳脂状的蛋糕食谱 ▶▶▶

维多利亚海绵蛋糕

供6~8人　　烘烤　　不添加馅料
食用　　20~25分钟　最多可以
　　　　　　　　　保存4周

原材料

175克无盐黄油，软化，多备出一些，用于涂抹模具

175克细砂糖

3个鸡蛋

1茶勺香草香精

175克白发面粉

1茶勺泡打粉

夹馅材料

50克无盐黄油，软化

100克糖粉，多备出一些，用于撒面装饰

1茶勺香草香精

115克高品质的无籽树莓果酱

所需器具

2个18厘米圆形蛋糕模具

将烤箱预热至180℃。在蛋糕模具内涂抹上黄油，在底部和侧边四周都铺上油纸，备用。

制作蛋糕馅料

将软化好的黄油和糖一起打发，使用电动搅拌器打发至颜色变浅且呈蓬松状。将鸡蛋一次一个地加入，每次加入之后都要搅打均匀。要确保鸡蛋在室温下，防止黄油混合物中产生结块。

加入香草香精至打发好的黄油混合物中。继续搅打2分钟至表面出现气泡。取出电动搅拌器，将面粉和泡打粉一起过筛到搅拌好的混合物中。采用画8字的方式，用金属勺子将干粉材料与混合物叠拌到一起。

烘烤蛋糕

将蛋糕面糊分成两份，分别倒入2个蛋糕模具中，并用抹刀将表面涂抹至光滑平整。放入烤箱内烘烤20~25分钟，直到膨发均匀。用木签检查成熟度。

补救措施！ 如果拔出的木签上粘有蛋糕面糊，需放回烤箱内继续烘烤几分钟之后再测试。

让蛋糕在模具内先冷却5分钟，然后从模具中取出，去掉油纸，将蛋糕摆放到烤架上冷却透。

装饰和上桌

制作奶油馅料。 将黄油、糖粉和香草香精一起快速搅打至顺滑、柔软并且彻底混合均匀的程度。将一个蛋糕底部朝上摆放到餐盘内，涂刷上奶油馅料。

小窍门： 若奶油馅料稍硬，可加入几滴牛奶再搅打。

将果酱涂抹到奶油馅料上，再摆上另一个蛋糕，要确保两个蛋糕平整的底部对在一起。在蛋糕表面撒上一层厚厚的糖粉作装饰，切成块状即可上桌。

咖啡核桃仁蛋糕

供8人食用　　烘烤20~25分钟　　不添加馅料可以保存8周

原材料

275克无盐黄油，软化，多备出一些，用于涂抹模具

175克红糖

3个鸡蛋

1茶勺香草香精

175克自发面粉

1茶勺泡打粉

1汤勺浓缩咖啡粉，与2汤勺开水混合好之后冷却，或者使用等量的浓缩咖啡

200克糖粉，过筛

9粒核桃仁

所需器具

2个17厘米圆形蛋糕模具

将烤箱预热至180℃。在蛋糕模具内涂抹上黄油，并铺上油纸，放到一边备用。

制作蛋糕馅料

将175克软化好的黄油和红糖在一个大的搅拌盆内，使用电动搅拌器打发2~3分钟至颜色变浅且呈蓬松状。将鸡蛋一次一个地加入，每次加入之后都要搅打均匀，才可以再次加入，这样可以防止混合物中结块。

要记住：要确保鸡蛋是在室温下，可以降低黄油混合物中产生结块的风险。

加入香草香精，然后将面粉和泡打粉一起过筛，叠拌进打发好的混合物中混合好。将一半用量的咖啡也混合进去搅拌好。

烘烤蛋糕

将蛋糕面糊分成均等的两份，分装入2个蛋糕模具中，并用抹刀将表面抹至光滑平整。放入烤箱内烘烤20~25分钟，直到膨发均匀。如果插入一根木签拔出时是干净的，就表示蛋糕已经烘烤好了。

要记住：另外一种测试蛋糕是否烘烤成熟的方法是，看一下蛋糕面糊是否与蛋糕模具的侧面分离开了。

让蛋糕在模具内先略微冷却5分钟，然后再从模具中取出，摆放到烤架上，去掉油纸，冷却透。

加入馅料、装饰并上桌

制作奶油馅料，将剩余的黄油和糖粉一起放入一个盆内，用电动搅拌器搅打至顺滑、柔软的程度。然后将剩余的咖啡搅拌进去。使用抹刀，将一半奶油馅料涂抹到一个蛋糕平整的那一个面上，上面摆上另一个蛋糕。再涂抹上另一半奶油馅料。摆到餐盘内。用核桃仁装饰好。切成块状之后上桌。

苹果太妃蛋糕

供8~10人食用　　烘烤20~25分钟　　最多可以保存4周

原材料

200克无盐黄油，软化，多备出一些，用于涂抹模具

50克细砂糖

250克苹果，去皮、去核、切成小丁

150克红糖

3个鸡蛋

150克自发面粉

1满茶勺泡打粉

打发好的奶油，配餐用（可选）

所需器具

23厘米圆形卡扣式蛋糕模具

将烤箱预热至180℃。在蛋糕模具内涂抹上黄油，在模具底部铺上油纸，放到一边备用。

制作蛋糕馅料

在一个炒锅内，加热50克黄油，再加入细砂糖加热至溶化并成为金黄色的焦糖。拌入苹果丁，继续熬煮7~8分钟，直到苹果开始变软并呈焦糖色泽。

要注意！ 在加热的过程中要持续不断地翻炒苹果丁，以防止苹果粘连到一起。

将剩余的黄油和糖放入大搅拌盆内，使用电动搅拌器打发2~3分钟至颜色变浅且呈蓬松状。将鸡蛋一次一个地加入，每次加入之后都要搅打均匀，以防止形成结块。将面粉和泡打粉一起过筛，轻轻翻搅进打发好的混合物中混合好。使用漏勺将苹果丁捞出，保留糖浆，将苹果分撒在蛋糕模具底部。将蛋糕面糊舀到苹果上面，并用抹刀将表面涂抹至光滑

平整。摆到烤盘里，让多余的糖浆滴落出去。

烘烤蛋糕

将蛋糕放入烤箱内烘烤40~45分钟，直到膨发均匀。如果插入木签拔出时是干净的，就表示蛋糕已经烤熟。让蛋糕先在模具内冷却至少5分钟，再从模具中小心地取出，翻扣过来，这样底层的苹果就会出现在上面。去掉油纸，摆到烤架上。用小火加热备用的苹果糖浆直到热透并呈流动状。

为什么？ 你需要重新加热备用的苹果糖浆，因为糖浆会变得非常浓稠，无法浇淋到蛋糕上。

在蛋糕的表面扎出几个小孔洞，然后将蛋糕转移到餐盘内。将热的苹果糖浆均匀地浇淋到蛋糕上，静置让糖浆从小孔洞中渗透进蛋糕里。趁热将蛋糕切成块状装盘食用。如果喜欢，你也可以配打发好的奶油一起食用。

樱桃杏仁蛋糕

供8~10
人食用

烘烤1½~
1¾小时

最多可以
保存4周

原材料

150克无盐黄油，软化，多备出一些，用于涂抹模具

400克樱桃

150克细砂糖

2个大个鸡蛋

250克自发面粉，过筛

1茶勺泡打粉

150克杏仁粉

1茶勺香草香精

75毫升全脂牛奶

25克白杏仁片

所需器具

20厘米圆形卡扣式蛋糕模具

樱桃去核器（可选）

将烤箱预热至180℃。在蛋糕模具内涂抹上黄油，在底部铺上油纸，备用。用去核器去除樱桃核，你也可以用牙签从樱桃蒂把处插入，触碰到樱桃核时，旋转牙签，让其绕着樱桃核转动一圈，将核取出。

制作蛋糕馅料

将软化好的黄油和糖在大搅拌盆内，使用电动搅拌器打发2~3分钟，至颜色变浅且呈蓬松状。将鸡蛋一次一个地加入到打发好的黄油混合物中，每次加入鸡蛋之后都要加入一汤勺面粉一起混合好。

为什么？ 鸡蛋与面粉一起搅拌可防止混合物形成结块。

将剩余的面粉、泡打粉、杏仁粉、香草香精和牛奶

一起拌入打发好的黄油中。再拌入一半樱桃，然后将蛋糕面糊舀入蛋糕模具中，将表面抹至光滑平整。将剩余的樱桃和杏仁撒到蛋糕面糊表面。

烘烤蛋糕

将蛋糕面糊放入预热好的烤箱内烘烤1½~1¾小时至表面呈金黄色，用手触碰时感觉非常硬实。

要注意！ 如果蛋糕在烘烤的过程中上色太快，只需在表面覆盖上一块锡纸即可。

在蛋糕中间插入一根木签，拔出时如果是干净的，表示蛋糕已经烘烤好了。如果不是，继续烘烤几分钟之后再测试一次。将烤好的蛋糕从烤箱内取出，让蛋糕在模具内冷却至少15分钟，然后从模具中小心地取出，去掉油纸，摆放到烤架上冷却透。切成块食用。

小窍门： 这款蛋糕如果存放在密闭的容器内，最多可以保存2天。

95

如何制作**布朗尼蛋糕**

布朗尼蛋糕是介于蛋糕和饼干之间的一种蛋糕，其最具有标志性的做法是使用融化的巧克力和坚果仁制作而成，以增加布朗尼蛋糕的耐嚼质感。要成功地制作出一款香味浓郁并且口感丰富的布朗尼蛋糕，其要点是将巧克力和黄油一起慢慢加热融化。最后，无论如何，不要将你制作的布朗尼蛋糕烘烤过长的时间，否则就会失去布朗尼蛋糕本身美味的口感和滋润的质地。

要注意！最为重要的一点是盛放巧克力的盆底部要放置在水面之上，而不要置于水中，否则巧克力会因为加热过度而出现颗粒状。

在融化巧克力时，不要忘记，要将粘在盆边上的巧克力刮取到盆内。

融化黄油和巧克力

首先将巧克力和黄油一起放入一个盆里，置于正在用小火加热的水面之上隔水加热，缓慢融化开。不可以将巧克力放入锅内直接用火加热融化，否则会让巧克力加热过度而变成颗粒状，而且是不可逆的。同时在融化巧克力的过程中，也要确保巧克力不接触到水分，因为这样也会让巧克力变成颗粒状。用木勺持续不断地搅拌，同时保持巧克力恒温，这样可以防止巧克力温度过高，还能够让巧克力和黄油混合得更加均匀。

使用室温下的鸡蛋，可以防止混合物凝结起块。

在加入鸡蛋时，巧克力混合物应呈现出浓稠状的质地。

加入鸡蛋

在加入蛋液之前要让巧克力液体冷却，否则，加入的蛋液就会因为受热而成熟。要制作出质地柔滑的布朗尼蛋糕糊，蛋液要慢慢地加入，一次加入一点儿，每次加入蛋液之后都要搅拌均匀之后再次加入。

过筛时，只需轻轻地拍打面筛的边缘。

将可可粉和面粉一起筛入会有效地帮助它们混合均匀。

面粉和可可粉颗粒在筛落的过程中会吸住空气一起落入到布朗尼蛋糕糊中。

加入面粉

制作基本的布朗尼蛋糕时，最后要加入的材料是面粉。有时会与可可粉一起混合加入。为了混入更多的空气，可以将这些干粉材料直接筛落到巧克力混合物中，然后用胶皮刮刀，呈8字形动作，轻轻地翻搅好。以这样的动作进行翻搅会有助于避免逸出空气，否则就会让布朗尼蛋糕糊体积缩小，并导致布朗尼蛋糕手感沉重。

练习制作布朗尼蛋糕
巧克力榛子布朗尼蛋糕

  诱人食欲的布朗尼蛋糕，最重要的一点是要味道浓郁、口感滋润，并且要耐嚼，你只需按照下面这些简单的步骤去制作即可。试试这一款巧克力榛子布朗尼蛋糕食谱——作为你进入布朗尼蛋糕世界的敲门砖。

制作24块　烘烤12~15分钟　不宜冷冻保存

原材料

100克榛子

300克优质黑巧克力，切碎

175克无盐黄油，切成小粒

300克细砂糖

4个大个鸡蛋，打散成蛋液

200克普通面粉

25克可可粉，多备出一些，用于撒面装饰

所需器皿

23厘米x30厘米方形布朗尼蛋糕模具，或者方盘

榛子

黑巧克力

无盐黄油

细砂糖

蛋液

普通面粉

可可粉

方形布朗尼蛋糕模具

总时间47~50分钟，加上冷却的时间

准备时间 5分钟

制作时间 25分钟

烘烤时间 12~15分钟

装饰时间 5分钟

1 将烤箱预热至200℃。将榛子平铺到烤盘里放入烤箱内烘烤5分钟。取出后用茶巾包住反复摩擦去掉外皮，然后放入菜板上，用一把大号厨刀，将去皮后的榛子大体切碎，放到一边备用。

小窍门： 为了做出有吸引力的质感，可以将其中一部分榛子切的颗粒大一些，而另外一些则切得碎小一些。

经过烘烤的榛子，其外皮很容易被摩擦碎，但小心不要将榛子烤焦。

要确保盛放巧克力的盆被锅沿支撑住，而不要浸在锅内的热水中，否则巧克力会加热过度。

2 将切碎的巧克力和黄油一起放入耐热盆里，放到一个用小火加热的热水锅上面，隔水将巧克力完全融化，同时要不停地搅拌。停止加热，取出放到一边略微冷却5分钟，最后将糖加入进去搅拌至溶化。

要注意！ 不要让锅内的水加热的温度过高，否则会在巧克力中出现颗粒。

3 一次只加入一点鸡蛋，每次混合好之后再继续加入，直到将混合物搅拌至细腻柔滑状。

要注意！ 在加入鸡蛋之前，要确保鸡蛋是在室温下，巧克力混合液已经冷却好，否则鸡蛋会继续加热成熟凝结成块状。

加入鸡蛋之后，使用木勺迅速搅拌均匀。

4 将面粉和可可粉过筛到混合物中，尽量将面筛抬高，这样能够混入更多的空气泡。轻轻地翻搅面粉和可可粉直到将所有的材料都混合好。加入切碎的烤榛子后，也要轻轻翻搅直至均匀。

小窍门：为取得最佳的效果，可以将面粉和可可粉一起过筛两次。在拌入蛋糕糊中之前，先过筛到另外一个盆内。

在将面粉和可可粉拌和得看不到粉状颗粒时就可以将榛子拌进去了。

5 先在布朗尼蛋糕模具中铺上油纸，然后再倒入蛋糕面糊。用抹刀将面糊均匀地涂抹到模具中，使其每一个角落都填充满了面糊，并将表面涂抹平滑。

小窍门：铺设在模具四周的油纸要高于模具，以方便取出布朗尼蛋糕。

为方便地将蛋糕表面涂抹里平整而平滑，可以使用抹刀。

将油纸进行对角剪切，这样油纸就会非常容易地贴合进模具的四个角落里。

尽量将布朗尼蛋糕面糊的表面涂抹得平整和光滑一些。

6 将蛋糕面糊放入烤箱内烘烤12~15分钟。用两根手指轻轻触压蛋糕的中间位置,如果已烤熟,触感应厚实。在蛋糕中间插入一根木签拔出时感觉有些发黏为好。

要记住: 布朗尼蛋糕应带有一点黏性,最佳烘烤结果是冷却好之后中间有一点如同未烘烤成熟般的黏性质地。所以在烘烤10~12分钟之后一定要随时检查测试。

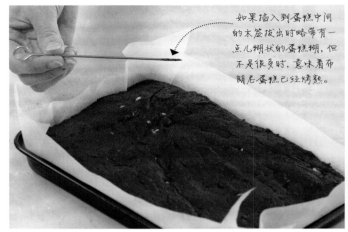

如果插入到蛋糕中间的木签拔出时略带有一点儿糊状的蛋糕糊,但不是很湿,意味着布朗尼蛋糕已经烤熟。

7 取出布朗尼蛋糕后让其在模具中冷却透。这将有助于蛋糕保持住中间柔软、耐嚼的质地,并且此时蛋糕会非常柔软易碎,越早从模具中取出,蛋糕就越易碎裂开。待冷却好之后,再小心地从模具中取出,将蛋糕摆放到菜板上。

小窍门: 可以借力于模具边缘铺设的多余的油纸协助,抬起并从模具中移出蛋糕。

8 将沸腾的热水倒入浅盘内。使用一把浸过热水的刀,将布朗尼蛋糕切割成24块。将1汤勺可可粉放入小筛子中,置于布朗尼蛋糕的上方,用手轻轻拍打筛子边缘,在布朗尼蛋糕表面均匀地覆盖上一层可可粉,即可上桌。

为什么? 用热水浸湿的刀有助于将布朗尼蛋糕切割整齐,并且在刀面上也不会粘上蛋糕。

根据你的情况需要,你也可以将布朗尼蛋糕切割成更大一些的块状。

芳香而浓郁、松软中耐嚼的**巧克力榛子布朗尼蛋糕**

你制作成功的布朗尼蛋糕应该四周边缘质地结实，但是中间还带有美味芳香的柔软和耐嚼的黏性质感。

平整的表面。

蛋糕要切割成均匀的方块形。

表面的可可粉装饰要撒得均匀而厚实。

切碎的坚果仁在蛋糕中分布均匀。

哪个步骤做得不对？

布朗尼蛋糕糊有些凝聚状和结块。你在加入鸡蛋的时候可能巧克力混合物冷却的时间已经过长，或者是鸡蛋刚从冰箱内拿出来就使用了。

布朗尼蛋糕过于湿润。你烘烤的时间不够，或者你使用的模具过小。如果是模具过小，布朗尼蛋糕糊就会因为过厚而压得过于密实。

布朗尼蛋糕从模具中取出来时碎裂开了。你将布朗尼蛋糕从模具中取出之前一定要在模具中冷却透。当冷却透之后，就可以整个从模具中取出。

布朗尼蛋糕烘烤得太干硬。你烘烤的时间或许太长了。宁可烘烤不足，也不可烘烤过头。

布朗尼蛋糕烘烤得太硬实。蛋糕糊在加入鸡蛋和面粉之后搅拌过度。要轻柔地叠拌，这样不至于让空气泡破裂开。

布朗尼蛋糕手感沉重。蛋糕糊在加入面粉和可可粉之后过度搅拌了。

布朗尼蛋糕中坚果仁分布不均匀。你没有将坚果仁均匀地搅拌进入布朗尼蛋糕糊中。

去试试按照食谱制作更多的布朗尼蛋糕 ▶ ▶ ▶

酸樱桃巧克力布朗尼蛋糕

制作16块　烘烤20~25分钟　不宜冷冻保存

原材料

150克无盐黄油，切成小粒，多备出一些，用于涂抹模具

150克优质黑巧克力，切碎

250克红糖

3个鸡蛋，打散成蛋液

1茶勺香草香精

150克自发面粉

100克酸樱桃果脯

100克黑巧克力碎块

所需器具

20厘米x25厘米布朗尼蛋糕模具，或者相同尺寸的深边烤盘

将烤箱预热至180℃。在布朗尼蛋糕模具中涂上黄油并铺上油纸。

制作布朗尼蛋糕糊

将切碎的巧克力和黄油一起放入一个耐热盆里，放到一个用小火加热的热水锅上，隔水将巧克力完全融化开，同时要不时地搅拌直到呈现光滑细腻状（见第96页内容）。将耐热盆从锅上端离开，搅入红糖。然后略微冷却5分钟。将鸡蛋和香草香精也搅拌进巧克力混合液中。

要注意！在加入鸡蛋之前，要先让巧克力混合液略微冷却一会儿。否则，鸡蛋会因为温度过高而成熟。

将面粉过筛到一个盆中。然后将巧克力混合液倒入到盛放面粉的盆内，并搅拌至刚好混合好的程度。要注意不要过度搅拌。最后，将酸樱桃和黑巧克力碎块翻搅进去。

烘烤布朗尼蛋糕

将蛋糕面糊倒入准备好的模具中，将面糊均匀地涂抹到模具四周的边角处。将表面涂抹至光滑平整。放入烤箱内烘烤20~25分钟。当布朗尼蛋糕边缘处变得凝固，但是中间处仍柔软时，表示布朗尼蛋糕已经烤熟。因为布朗尼蛋糕非常容易碎裂开，先让蛋糕在模具中冷却好，再将蛋糕小心地从模具中取出并切割成16块。

要记住：布朗尼蛋糕制作成功的标志是在烘烤之后其中间位置应略微柔软。因此，与烘烤其他蛋糕不同，如果使用一根木签进行测试，拔出时木签不会是干净的。

小窍门：烤好的布朗尼蛋糕如果放在密闭的容器中，可以保存3天。

白巧克力澳洲坚果布朗尼蛋糕

制作24块

烘烤
20分钟

不宜
冷冻保存

原材料

300克白巧克力，切碎

175克无盐黄油，切成小粒

300克细砂糖

4个大个鸡蛋

225克普通面粉

100克澳洲坚果，切成粗粒

所需器具

20厘米x25厘米布朗尼蛋糕模具，或者相同尺寸的深边烤盘

将烤箱预热至200℃。在布朗尼蛋糕模具中涂上黄油并铺上油纸。

制作布朗尼蛋糕糊

将切碎的巧克力和黄油一起放入一个耐热盆里，放到一个用小火加热的热水锅上，隔水将巧克力完全融化，同时要不时地搅拌直到呈现光滑细腻状（见第96页内容）。不要让耐热盆直接接触到锅内的水。

要注意！ 只可以用小火加热水，而不可以将水烧开，否则巧克力会因为加热过度而变成颗粒状。

将盛放巧克力的耐热盆从锅上端离开，加入糖搅拌好，然后冷却10分钟，再加入鸡蛋。一次加入一个鸡蛋，每次要确保混合好之后再继续加入。将面粉过筛到混合物中，然后加入夏威夷果，搅拌至刚刚混合好的程度。

烘烤布朗尼蛋糕

将蛋糕面糊倒入准备好的模具中，将面糊均匀地涂抹到模具中的边角处。放入烤箱内烘烤20分钟，或者用手指轻轻触压蛋糕的表面，以触感有点硬，而下面仍柔软为好。

要记住： 布朗尼蛋糕在经过冷却之后会变得更加硬实。

从烤箱内取出布朗尼蛋糕，让其在模具中冷却透。因为布朗尼蛋糕非常容易碎裂开。然后切割成24个方块或者12个长方块。

小窍门： 这些烤好的布朗尼蛋糕如果密封保存最多可以存放5天。

如何制作**烤奶酪蛋糕**

烤奶酪蛋糕，其最具有特色的地方在于带有一层用饼干碎末做成的底座以及呈乳脂状、如同丝缎般柔滑而细腻的馅料。不同于使用吉利丁凝结而成的奶酪蛋糕，这一类奶酪蛋糕借助于馅料之中的鸡蛋在烘烤过程中凝固定型。在一些奶酪蛋糕的配方中或许会添加一些面粉用来将奶油奶酪馅料混合到一起，例如奶油以及不同种类的奶油奶酪等，如乳清奶酪或者是马斯卡彭奶酪等。

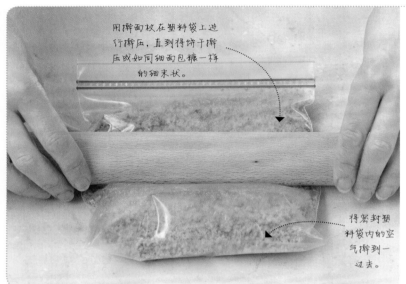

用擀面杖在塑料袋上进行擀压，直到将饼干擀压成如同细面包糠一样的细末状。

将密封塑料袋内的空气擀到一边去。

将饼干擀压成碎末状

要制作出奶酪蛋糕的底座，首先要将饼干装入厚塑料袋内，密封好并用擀面杖在塑料袋上进行擀压，直到擀压成大小均匀的碎末状。细末状的饼干屑会凝聚到一起起到支撑作用，而略粗大一些的饼干屑更容易散裂开。你也可以使用食品加工机将饼干搅打成碎末状。

制作饼干碎末底座

将黄油拌入饼干碎末中以使其能够黏合到一起，给奶酪蛋糕制作出一个结实的底座。要制作出饼干底座，可以使用勺子的背面，用力地将饼干碎末按压到蛋糕模具中，或者按压到所使用的其他种类的器皿里。

要确保饼干碎末将蛋糕模具的底部完全覆盖好，否则奶油奶酪馅料会流出。

你可以使用手工搅打的方法将馅料混合到一起，但是使用食品加工机进行搅打，速度会更快一些，也会混合得更加均匀彻底。

制作奶油奶酪馅料

将馅料材料彻底地混合均匀，不能有结块或者颗粒状存在。鸡蛋和奶油奶酪在室温下使用，这有助于将它们搅拌得更加均匀。鸡蛋在其中起到乳化剂的作用，能够将平常不容易混合的原材料结合到一起。如果使用食品加工机搅打，在将原材料充分混合好之后就要立刻停止搅打。这样就不会让更多的空气泡进入混合物中，这些空气泡的存在会让奶酪蛋糕在烘烤的过程中表面出现碎裂的现象。

如果触碰时感觉到奶酪蛋糕中间有些许颤动，就烘烤好了。

为什么？ 奶酪蛋糕通常都需要隔水烘烤。这样做使得奶酪蛋糕模具避免直接受热并保持在一个比较低的温度下进行烘烤，可以让奶酪蛋糕缓慢成熟并且受热均匀。

测试奶酪蛋糕的凝固程度

制作的关键是烘烤时间。完美的蛋糕的外侧会凝固，但是中间部分仍然会有一些颤动，因为奶油奶酪馅料在冷却的过程中会进一步成熟凝固。如果烘烤的时间过长，其质地就会变得有韧性和弹性。

练习制作烤奶酪蛋糕
蓝莓波纹奶酪蛋糕

　　用蓝莓在奶酪蛋糕表面制作出如同涟漪般的装饰效果，就会令人过目不忘，用来款待亲朋好友或者亲密爱人保证会获得他们的惊呼和赞叹。有鉴于此，要把握住这难得的练习机会。因为要实现这个目标，就是如此的简单。

供8人　烘烤40分钟，　　不宜
食用　加上冷却时间　冷冻保存

原材料

50克无盐黄油，多备出一些，用于涂抹模具

125克消化饼干

150克蓝莓

150克细砂糖，多备出3汤勺

400克奶油奶酪，室温下

250克马斯卡彭奶酪，室温下

2个大个鸡蛋，多准备出一个蛋黄，室温下

½茶勺香草香精

2汤勺普通面粉，过筛

所需器皿

20厘米深边卡扣式蛋糕模具

带有叶片配件的食品加工机

无盐黄油

助消化饼干

蓝莓

细砂糖

奶油奶酪

马斯卡彭
奶酪

鸡蛋

香草香精

普通面粉

蛋黄

卡扣式蛋糕模具　　　　食品加工机

总时间1小时5分钟，加上至少5小时的冷却和冷藏时间

准备时间
5分钟

制作时间
20分钟

烘烤时间
40分钟

1 将烤箱预热至180℃。在蛋糕模具中均匀地涂抹上黄油。用擀面杖将装入厚塑料袋内的饼干擀压成碎末。将黄油放入锅内融化后拌入饼干碎末搅拌好。然后舀入模具中，用勺背按压至结实而平整。

小窍门： 黄油加热时要使用小火，以避免烧焦上色，烧焦后的黄油会带有一股焦煳味，并带有不适合制作奶酪蛋糕底座的褐色。

为了避免饼干底部碎裂开，要确保饼干碎末与黄油混合均匀。

2 将蓝莓和3汤勺糖一起放入食品加工机内搅打至细泥状。过筛后去掉蓝莓皮，再放入锅内，烧开后继续熬煮3~5分钟，以制作出如同果酱般的浓稠程度，即可以在奶酪蛋糕上刻画出漂亮的花纹而不会沉淀到馅料中。熬煮好后备用。

为什么？ 用大火烧开蓝莓泥有助于浓缩其风味并带来如同果酱般的质感。

3 在食品加工机内，将剩余的糖、奶油奶酪、马斯卡彭奶酪、鸡蛋、香草香精和面粉一起搅打至混合均匀。一旦彻底混合好并呈细腻顺滑状之后立刻停止搅拌，否则奶油奶酪会因混入太多空气在烘烤的过程中表面碎裂。将搅拌好的馅料舀入模具中，用抹刀将表面涂抹平整。

要记住： 要确保奶酪在搅打混合之前已软化。

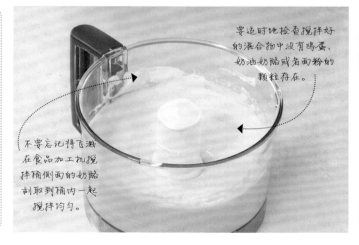

要适时地检查搅拌好的混合物中没有鸡蛋、奶油奶酪或者面粉的颗粒存在。

不要忘记将飞溅在食品加工机搅拌桶侧面的奶酪刮取到桶内一起搅拌均匀。

将蓝莓酱均匀地淋洒到奶酪蛋糕馅料的表面上，然后用一根木签将蓝莓酱呈漩涡状画出各种美观的图案造型。

4 在奶酪蛋糕表面淋上蓝莓酱，并用一根木签刻画出各种造型图案，用锡纸将模具的底部和侧面都包裹好，放入烤盘内，在烤盘内注入半烤盘的开水。放入烤箱内烘烤40分钟至凝固，但是在蛋糕中间处还有些颤动。关闭烤箱，放置1小时，然后从烤箱内取出，摆到烤架上冷却透。再放入冰箱内冷藏至少4小时或者一晚上。

完美无瑕的**蓝莓奶酪蛋糕**

要制作出搭配奶酪蛋糕一起食用的糖渍蓝莓，将100克蓝莓、1汤勺细砂糖和挤出的1个柠檬的汁液，在一个小锅内一起用小火加热至糖完全溶化，锅内的蓝莓开始流出汁液并且变软的程度即可。

哪个步骤做得不对？

奶酪蛋糕糊有些凝聚状和结块。你没有将所有的原材料搅拌好，或者它们没有在室温下混合。

奶酪蛋糕中间有些凹陷下去。你有没有在关闭了电源的烤箱内让其自然冷却？

奶酪蛋糕从模具中取出来时碎裂开了。你必须在加入馅料之前将模具均匀地涂抹上一层黄油。从模具内取出时，用抹刀沿着模具侧面的边缘位置刻划一圈，这样会让奶酪蛋糕与模具脱离开。

奶酪蛋糕质地带有韧性。可能是烘烤的时间过长。下一次要提早检查蛋糕的成熟程度。轻轻按压中间位置时刚好凝固并带有一点颤动感说明烘烤成熟；如果没有颤动感，就表示烘烤过度了；如果按压时留下凹痕，就表示还没有烘烤成熟。

奶酪蛋糕的表面平整光滑没有裂纹。

奶酪蛋糕馅料顺滑并且凝固定型，周边的馅料结实稳固。

蛋糕底座是酥脆的。

去试试按照食谱制作更多的烤奶酪蛋糕 ▶ ▶ ▶

巧克力大理石纹奶酪蛋糕

供8~10人　烘烤60分钟，　　不宜
食用　　加上冷却时间　冷冻保存

原材料

75克无盐黄油，融化，多备出一些，用于涂抹模具

150克助消化饼干，擀压成碎末

150克优质黑巧克力，切碎

500克奶油奶酪，软化

150克白砂糖

1茶勺香草香精

2个鸡蛋

所需器具

20厘米圆形卡扣式蛋糕模具

在蛋糕模具中均匀地涂抹上黄油，放入冰箱内冷藏备用。

制作饼干底座和馅料

将融化的黄油拌入饼干屑中，搅拌均匀，然后用勺舀到模具中并按压到蛋糕模具的底部及所有边角位置。放入冰箱内冷藏30~60分钟，或者冷藏至凝固定型。将烤箱预热至180℃。将巧克力碎末放入耐热盆内，用小火隔水加热融化至细腻状（见第96页内容）。融化好后从锅上端离开，使其略微冷却。

要注意！ 一定要确保使用小火加热，因为过高的温度会让巧克力变成颗粒状。

搅打奶油奶酪至细腻光滑的程度，加入糖和香草香精继续搅拌好。再依次加入鸡蛋搅打好。将搅打好的混合物的一半倒入模具中。将融化好并冷却的巧克力倒入剩余的奶油奶酪混合物中搅拌好，用勺舀到模具内的混合物中，用一个木签，在混合物中划

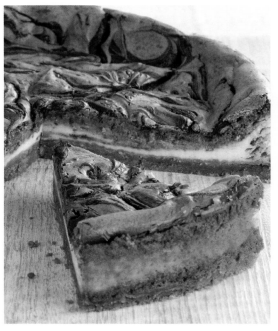

动制作出非常美观的大理石图案效果。

烘烤并上桌

将奶酪蛋糕放入烤箱内烘烤50~60分钟，至其大部分都已经凝固，但是其中间位置还略微有些颤动时，关闭烤箱电源，让其在烤箱内冷却1½小时。

为什么？ 在关闭电源的烤箱内，让奶酪蛋糕自然冷却，有助于防止奶酪碎裂开。

将冷却好的奶酪蛋糕从烤箱内取出，再放入冰箱内冷藏至少4小时，最好冷藏一晚上。在上桌时，用刀沿着模具的内侧刻划一圈，以让奶酪蛋糕与模具分离开，然后从模具中取出蛋糕，摆到餐盘内。切成块状上桌。

小窍门： 奶酪蛋糕可以提前3天制作好，并用锡纸包裹好，在冰箱内冷藏保存至需用时。

姜味奶酪蛋糕

供8~10人
食用

烘烤60分钟，
加上冷却时间

不宜
冷冻保存

原材料

75克无盐黄油，融化开，多备出一些，用于涂抹模具

150克助消化饼干，擀压成碎末

500克奶油奶酪，软化

125克糖姜，切碎，多准备出3汤勺姜糖浆

1个柠檬，擦取碎皮

2茶勺柠檬汁

250毫升酸奶油

150克白砂糖

1茶勺香草香精

4个鸡蛋

150毫升浓奶油，涂抹表面用（可选）

所需器具

20厘米圆形卡扣式蛋糕模具

在蛋糕模具中均匀地涂抹上黄油，放入冰箱内冷藏备用。

制作饼干底部和馅料

将融化的黄油拌入饼干屑中，搅拌均匀，然后用勺舀到模具中并按压到蛋糕模具的底部及所有边角位置。放入冰箱内冷藏30~60分钟，或者冷藏至凝固定型。将烤箱预热至180℃。将奶油奶酪放入盆内搅拌至细腻光滑状。

要注意！ 一定要确保奶油奶酪在加入其他原材料之前先搅打至细腻光滑的程度。否则制作好的馅料中就会出现颗粒。

加入切碎的糖姜（留出2汤勺用于装饰）、糖浆、柠檬碎皮和柠檬汁、酸奶油、糖和香草香精搅打均匀。

一个一个地将鸡蛋加入进去，每加一个搅打均匀之后再加下一个。制作好后倒入饼干底座中并轻轻晃动使其表面平整。

烘烤和装饰

将搅拌好的奶酪蛋糕摆到烤盘内，放入烤箱烘烤50~60分钟。当大部分奶酪蛋糕都凝固，但是中心处还略微有些颤动时就表示已经烘烤成熟。关闭烤箱电源，让奶酪蛋糕在烤箱内自然冷却1½小时。

为什么？ 在关闭了电源的烤箱内让奶酪蛋糕自然冷却可防止其碎裂。

放入冰箱内冷藏4小时，最好冷藏一晚上。如果使用鲜奶油，就将其打发至湿性发泡。在上桌之前，用刀沿着模具的侧面刻划一圈使得奶酪蛋糕与侧面脱离开。从模具内取出蛋糕摆放到餐盘内。将浓奶油装饰到表面（涂抹平整或者装饰成各种造型图案），撒上预留出的糖姜碎装饰，然后切成块食用。

小窍门： 奶酪蛋糕可以提前3天制作好并覆盖上锡纸放入冰箱内保存。

如何制作**油酥面团**

油酥面团是最容易制作的面团之一。常用来制作咸味类或者甜味类的塔和派等,在烘烤的过程中油酥面团不会膨发起来。作为一种质地轻柔且容易融于口的面团,其制作成功的关键在于制作面团的所有原材料要冷却后再使用,包括你的双手都要够凉才可以,并且不可以将面团过度揉搓。

将面粉和黄油用手一起捞起,保持掌心朝上,让空气充分混入到面粉和黄油中,并用拇指和其余的手指搓揉面粉和黄油,形成细小的颗粒状。

双手也要够凉。

以冰箱内直接拿出冷却的黄油使用。

将面粉先过筛,可以充分地混入空气并使得制作好的面团质地更加轻柔。

小窍门: 为了节省时间,你可以将面粉和黄油一起放入食品加工机内搅拌至形成如同面包糠般细小的颗粒状。

使用油搓粉法

这种技法是将面粉组织用黄油包裹住,减少面团中面筋的形成,给面团带来"酥脆性"或者说是柔和性的质感。油搓粉技法的要点是只使用你的指肚将黄油揉搓进面粉中,这样做会最大限度地减少身体温度对黄油的影响,否则就会让黄油融化,使得制作好的面团不够酥脆并且油腻感非常重。

和面时一定要使用冷水，因为温水会让面团变得油腻。

一旦面粉能够聚拢到一起，就可以将它们踩搓成为一个粗糙的面团了。

一旦混合物能够形成一个粗糙的面团，就立刻停止搅拌，否则就会因为过度搅拌，使面团形成面筋，变得有韧性。

制作成面团

先混入足量的冷水将面团黏合成为一体。使用刮板协助，将面团揉搓成为一个柔软的，但却不粘手的面团。如果加入了过量的冷水，面团在烘烤的过程中就会产生太多的水蒸气，让面团变得易碎并且容易收缩。有时候也可以加入蛋黄，在不加入冷水，或者只加入一点冷水的情况下让面团黏合到一起。然后用双手将其揉搓成为一个粗糙的面团。

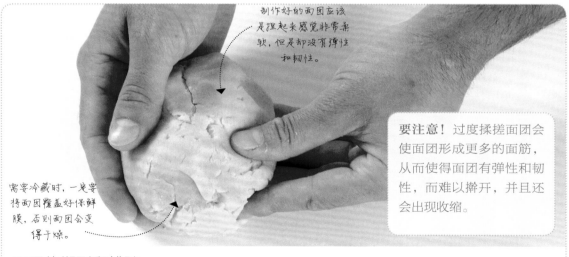

制作好的面团应该是捏起来感觉非常柔软，但是却没有弹性和韧性。

需要冷藏时，一定要将面团覆盖好保鲜膜，否则面团会变得干燥。

要注意！ 过度揉搓面团会使面团形成更多的面筋，从而使得面团有弹性和韧性，而难以擀开，并且还会出现收缩。

面团的塑形和松弛

油酥面团必须在冰箱内冷藏至少30分钟，以松弛面团中的面筋，并防止在烘烤的过程中产生收缩。在不过多揉搓的情况下将面团塑成一个球形，否则会让面团带有油腻感并产生韧性。

制作油酥面团的科学原理

油酥面团应该保持其毫无筋力，能够被擀开并成形，但是却非常容易碎裂开的特点，这样一旦经过烘烤之后就会变成柔软性好、入口即化的小碎片状的质地结构。要达到这样的效果，就要阻止面粉中的面筋蛋白黏合到一起形成结构体，必须轻柔地将它们拌和到一起，并采取措施尽可能减少它们之间的筋力。

1 将面粉和油脂揉搓到一起并非意味着只是单纯地将它们混合为一体。随着你的揉搓，会将一定比例的面粉颗粒包裹在油脂中，这将会抑制面团中面筋的形成。

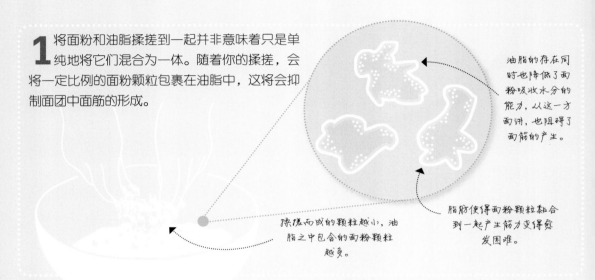

油脂的存在同时也降低了面粉吸收水分的能力，从这一方面讲，也阻碍了面筋的产生。

脂肪使得面粉颗粒黏合到一起产生筋力变得愈发困难。

揉搓而成的颗粒越小，油脂之中包含的面粉颗粒越多。

2 水必须在面粉产生筋力之前加入。加入的水越少，就意味着筋力越小，这就是为什么在和面时只需加入少量水的原因。一次只加入一点儿即可，足以将原材料黏合到一起形成面团。

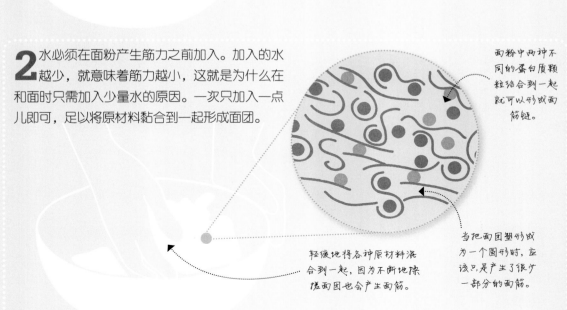

面粉中两种不同的蛋白质颗粒结合到一起就可以形成面筋链。

当把面团塑形成为一个圆形时，应该只是产生了很少一部分的面筋。

轻缓地将各种原材料混合到一起，因为不断地揉搓面团也会产生面筋。

3 油酥面团只需轻揉几下即可。如果过度揉搓，更多的面筋给面团带来的是过强的弹性和收缩性，而面团只需具备足够柔软、能够擀开的可塑性即可，因为烘焙师必须留出充足的时间去做其他大量的工作。

面团中的面粉颗粒越干燥，吸收的水分越多，就会产生越多的面筋。

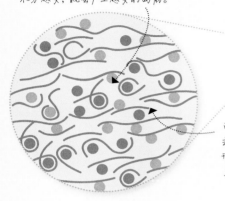

面团要覆盖好保鲜膜"松弛"至少30分钟，这样就不会变得干燥。

水分会在静置的面团中四处移动，直到分布均匀。

面团中产生的面筋需要一定的时间去松弛，这样经过松弛的面团在擀开之后不会产生弹性而出现收缩，并且在烤箱内烘烤时也不会收缩。

在冰箱内冷藏松弛面团会防止油脂融化，因为融化的油脂会让烘烤好的油酥面团变得油腻。

4 面团中的油脂在烘烤油酥面团使其形成疏松、酥脆的结构的过程中，扮演着另外一个重要的角色。在烤箱内高温烘烤之下，面团中相当多的颗粒状油脂会融化，留下许多小的孔洞。

大小不等的颗粒状油脂在油酥面团层次之间留下了不规则的小孔洞。

在将擀开的面团铺设到模具中时，要避免过度拉伸面团，因为这样会让面筋因为扩张而绷紧，在烤箱内高温的作用下，会引起收缩。

融化后的油脂留下的某些空隙会在面团中的水蒸气的压力下扩张得略微大一些。

在烤箱内的高温作用下，面筋和淀粉会迅速凝固，在油脂融化之后帮助面团定型。

瑞士甜菜和格鲁耶尔奶酪塔

瑞士甜菜和格鲁耶尔奶酪塔非常适合于在浪漫的野外聚餐或者是悠闲的夏日午餐时食用，这款奶酪塔无论是热食还是冷食都会让你意犹未尽。要制作出质地轻柔并且鲜香酥松的油酥面团，先要让面团冷却好，另外还要快速擀制操作，并且在操作时，要使用最轻柔的动作。如果没有瑞士甜菜，可以使用菠菜来代替。

供6~8人 食用　　　烘烤 30~40分钟　　　最多可以 保存8周

原材料

油酥面团材料

75克无盐黄油，冷藏，切成小粒

150克普通面粉，多备出一些，用于撒面

1个蛋黄

馅料材料

1汤勺橄榄油

1个洋葱，切成细末

海盐

2瓣蒜，切成细末

几枝新鲜的迷迭香，摘下叶，切碎

250克瑞士甜菜或者菠菜，去掉梗，将叶切碎

125克格鲁耶尔奶酪，擦成碎末

125克菲达奶酪，切成丁

现磨的黑胡椒粉

2个鸡蛋，打散

200毫升浓奶油

所需器皿

23厘米活动底塔模

焗豆

无盐黄油

普通面粉　　　橄榄油　　　蛋黄　　　蛋液

洋葱　　　海盐　　　大蒜　　　迷迭香　　　浓奶油

格鲁耶尔奶酪　　　菲达奶酪

瑞士甜菜或 菠菜

黑胡椒　　　活动底塔模　　　焗豆

总时间2小时20分钟~2小时35分钟，包括1小时的冷藏时间

准备时间
5分钟

制作时间
45~50分钟，加上1小时冷藏

烘烤时间
30~40分钟

1 制作油酥面团，将黄油和面粉一起揉搓，直到形成细小的颗粒状。在蛋黄中加入1汤勺冷水搅拌均匀，然后倒入面粉颗粒中。

要记住： 要确保你的双手在揉搓黄油和面粉之前是凉的。先用冷水洗一会儿手，然后再拭干。或者将你的双手在冰块上按压一会儿。

只需要使用手指肚将面粉和黄油搓揉到一起，以尽量让黄油保持冷却状态。

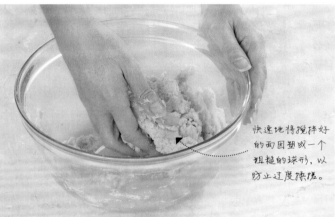

快速地将搅拌好的面团塑成一个粗糙的球形，以防止过度搓揉。

2 使用塑料刮板协助，以最大限度地减少双手与面粉颗粒的接触时间。将蛋黄混合液搅拌进入面粉颗粒中，搅拌到一起形成一个柔软的面团。将面团快速地塑成一个球形，面盆边缘处的面粉颗粒也要搅拌进面团中。

要注意！ 只需加入足够形成柔软但是不粘手的面团用量的蛋黄液体即可。蛋黄液体有剩余也没关系。

3 用保鲜膜将面团包裹好，放入冰箱内冷藏松弛1小时。将烤箱预热至180℃。取出面团后，将面团逐渐擀开，在擀开面团时，要确保不要太用力地朝下按压面团，将面团擀开至大约3毫米厚即可。

为什么？ 将面团进行冷藏会有助于松弛面团并防止面团在烘烤的过程中出现收缩。

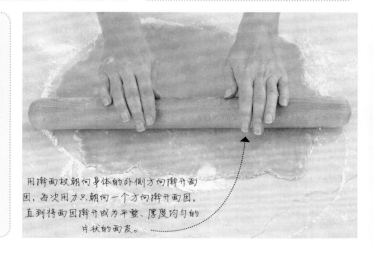

用擀面杖朝向身体的外侧方向擀开面团，每次用力只朝向一个方向擀开面团，直到将面团擀开成为平整、厚度均匀的片状的面皮。

4 小心地将擀好的面皮卷到擀面杖上，然后抬起擀面杖将面皮转移到塔模的上方，再将面皮展开铺到模具中，用手指按压，将面皮在模具中铺设到位，边缘位置要高出模具2厘米。

为什么？ 边缘位置的面皮要高出模具一部分，是因为在烘烤的过程中面皮会略有收缩。在烘烤好之后你可以将多余的部分去掉。

在展开面皮之前要将擀面杖在模具的上方居中放置，在模具的边缘处高出模具的那一部分面皮也要高度相同。

用一把叉子在面皮底部轻戳，留下一些锯齿状的印痕，这些戳痕不需要整齐划一。

空烤时，你可以使用常见的干豆或者生的大米代替焗豆使用。

5 用一把叉子在模具底部的面皮上轻戳，然后将模具摆放到烤盘内。在面皮上铺好油纸，填入焗豆。

为什么？ 用一把叉子在面皮上戳出些孔洞，可以防止面皮在烘烤时朝上鼓起。焗豆的作用是将面皮朝下压住，让面皮底部烘烤得平整均匀，并防止面皮在烘烤的过程中朝上鼓起。

6 将面皮放入烤箱内烘烤20~25分钟，取出后去掉油纸和焗豆，继续烘烤5分钟。烤好之后，用刀将边缘处多余的面片切掉。

为什么？ 先烘烤没有添加馅料的面皮，称为"空烤"（又称"盲烤"），为的是让塔底层的面皮保持酥脆。如果添加馅料之后直接烘烤，烘烤时间就会过长，使馅料烘烤过度，甚至烤焦。

从模具边缘将多余的面片切掉，以免让碎屑落入馅饼内。

7 将橄榄油倒入炒锅内烧热，加入洋葱和一点儿盐，用小火加热煸炒2~3分钟，再加入蒜末和迷迭香煸炒一会儿，要避免将洋葱煸炒上色。将瑞士甜菜加入炒锅，翻炒大约5分钟直到瑞士甜菜变软。

要注意！ 不要将瑞士甜菜炒得太软，因为甜菜会释放出过多的水分，让馅料变得非常潮湿。

要不停地翻炒以防止将瑞士甜菜炒糊，一旦瑞士甜菜开始变软就停止加热。

8 用勺子将炒好的瑞士甜菜放入塔底部并均匀地摊开。再均匀地淋撒上格鲁耶尔奶酪，然后在表面撒上菲达奶酪。撒上盐和胡椒粉调味。

小窍门： 根据需要，你也可以将菲达奶酪弄碎之后撒在塔表面，而不是直接撒上奶酪丁。

9 用叉子将剩余的鸡蛋和浓奶油一起搅打均匀，缓慢地浇淋到馅料中，不要让其聚集到中间，要均匀地漫过馅料的底部。放入烤箱内烘烤30~40分钟，或者一直烘烤到表面呈金黄色并凝固住。从模具中取出之前要先让其冷却一会儿。

要注意！ 为了避免馅料溢出，可以先将馅料放入烤盘内，再将鸡蛋液倒入其中。

香浓金黄的**瑞士甜菜和格鲁耶尔奶酪塔**

你烘烤好的瑞士甜菜和格鲁耶尔奶酪塔应该带有酥脆的面皮和凝结为一体、奶香浓郁的馅料。

表面带有一点焦糖色。

瑞士甜菜与菲达奶酪在馅料中分布均匀。

鸡蛋和鲜奶油混合液完全凝固，馅料不湿润。

脆薄、看酥的金黄色面皮。

哪个步骤做得不对？

塔面皮收缩了。你在和面的时候加入的液体太多，或者在烘烤之前没有将面团冷藏松弛足够的时间。面团需要在冰箱内冷藏松弛至少1小时。

馅料湿润并且没有凝固。你将瑞士甜菜炒过了。在加入塔底部之前要控干净甜菜渗出的汁液。

馅料从馅饼底部漏出。你在用叉子戳模具底部的面皮时，可能将面皮戳透了。在面皮上轻戳即可。

馅料太干硬。你烘烤塔的时间过长，有一些烤箱的温度会比其他烤箱高一些，在烘烤了30分钟之后就要检查塔是否成熟。你要知道，当塔中间的馅料一凝固就表示塔已经烘烤成熟了。

试试更多的由油酥面团制作的塔食谱 ▶ ▶ ▶

洛林蛋奶塔

供4~6人
食用

烘烤
25~30分钟

烤好之后
最多可以
保存8周

原材料

150克普通面粉，多备出一些，用于撒面

75克无盐黄油，切成小粒状

1个蛋黄

200克切片培根

1个洋葱，切成细末

75克格鲁耶尔奶酪，擦成碎末

4个大个鸡蛋，轻轻打散

150毫升浓奶油

150毫升牛奶

现磨的黑胡椒粉

所需器具

23厘米x4厘米圆形、深边塔模

焗豆或者干豆类

制作油酥面团

将面粉过筛。加入切成小粒状的黄油，用双手手指在面粉中揉搓黄油，直至揉搓成面包糠般大小的颗粒状。然后加入蛋黄和3~4汤勺冷水，或者只需添加能够和成面团，但却不粘手用量的冷水。用保鲜膜包好之后放入冰箱内冷藏30分钟。将烤箱预热至190℃。

在撒有薄薄一层面粉的工作台面上擀开油酥面团，并铺设到模具内，去掉四周多余的部分。用叉子在底部轻戳出一些小孔，铺上油纸，放入焗豆。先空烤12分钟。取出后去掉油纸和焗豆，继续烘烤10分钟，或者一直烘烤到塔面皮变成金黄色并彻底成熟。

为什么？空烤面皮是为了确保塔底部在加入馅料烘烤成熟之后还能够保持酥脆的效果。

制作馅料并烘烤

将炒锅加热，放入培根，干煎 3~5分钟，培根中的油脂会煎出。然后加入洋葱继续煸炒2~3分钟直到略微变软。将烘烤好的面皮摆放到烤盘内，再将炒好的洋葱和培根馅料以及奶酪一起撒到面皮上。

要记住：要将洋葱和培根均匀地撒到面皮上，否则你烘烤好的洛林蛋奶塔会厚薄不均。

将鸡蛋、浓奶油、牛奶和胡椒粉一起搅打均匀并进行调味，然后将其浇淋到塔中。放入烤箱内烘烤25~30分钟，或者烘烤至馅料凝固并且变成金黄色。从烤箱内取出，先冷却一会儿再切成块状上桌。

洋葱塔

供6人
食用

烘烤
15~20分钟

烤好之后
最多可以
保存8周

原材料

150克普通面粉

75克无盐黄油，切成小粒

1个蛋黄

1汤勺橄榄油

4个洋葱，切成丝

1汤勺普通面粉

300毫升牛奶

2茶勺红辣椒粉

盐和现磨的黑胡椒粉

所需器具

23厘米活动底塔模

焗豆或者干豆

制作油酥面团和馅料

将面粉过筛。 加入切成小粒的黄油，用手指肚将黄油揉搓进面粉中至面包糠状。加入蛋黄和3~4汤勺冷水，将面粉黏合成面团但却不粘手的程度。用保鲜膜包好，放入冰箱内冷藏30分钟。将烤箱预热至200℃。

在一个不粘锅内 将油烧热。用小火将洋葱煸炒10~15分钟，直到洋葱变软并变成透明状。

要注意！ 必须用小火加热洋葱，因为需要将洋葱煸炒成熟并变软而不是煸炒上色。

将炒好的洋葱离火， 拌入面粉。加入少许牛奶搅拌均匀。再放回火上加热，将剩余的牛奶加入，用小火加热并不停翻炒，直到锅内的混合液变得浓稠。

为什么？ 先加入少许牛奶到面粉中，可使面糊顺滑。这样就会非常容易地与剩余的牛奶混合到一起，而不会形成颗粒状或者形成结块。

拌入1茶勺红辣椒粉， 并调味，放到一边备用。

制作塔面皮并烘烤

在撒有薄薄一层面粉的工作台面上， 将油酥面团擀开，铺到模具中，修剪掉多余的部分。用叉子在面皮上轻戳些孔洞，铺上油纸，放入焗豆。放入烤箱内空烤12分钟。取出后去掉油纸和焗豆，放入烤箱内继续烘烤10分钟，或者一直烘烤到面皮呈金黄色并完全成熟。从烤箱内取出，先摆放到烤盘内。将馅料用勺舀入塔底部，撒上剩余的红辣椒粉，将烤箱温度调至180℃，放入烤箱内烘烤15~20分钟，或者一直烘烤到馅料刚好凝固并变成金黄色。取出后先冷却一会儿再切割成块状，趁热食用。

要记住： 因为洋葱馅饼的馅料中没有加入鸡蛋，因此馅料不会凝固得太结实，结构会比较疏松。

如何制作**甜味油酥面团**

甜味油酥面团比标准的油酥面团更加酥脆，也更加香浓，因为这一类油酥面团使用了更多的黄油和更多的蛋黄来完成制作。油酥面团中带有糖的甘甜，在经过烘烤之后，具有美味可口、香酥疏松的质地。与标准油酥面团的制作过程相比较而言，只是经过了适度的冷藏取出来擀开使用，甜味油酥面团的制作过程不会比油酥面团困难多少。

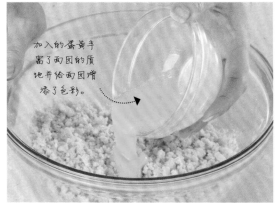

加入的蛋黄丰富了面团的质地并给面团增添了色彩。

给油酥面团增加甘美的甜味和丰富的口感

在揉搓黄油和面粉时加入糖来增加甜味。再加入打散的蛋黄，以及根据需要加入一点儿冷水，蛋黄中的油脂与黄油一样，具有起酥油的作用，防止面团中面筋之间产生连接，让面团能够保持酥脆感。

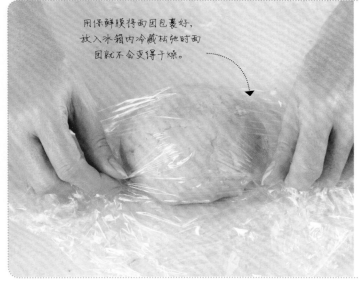

用保鲜膜将面团包裹好，放入冰箱内冷藏松弛时面团就不会变得干燥。

松弛甜味油酥面团

特别重要的一点是一定要冷藏松弛甜味油酥面团，因为不经过冷藏松弛，面团容易碎裂开并且不容易擀开。经过冷藏之后的面团，面筋得到了松弛，在烘烤的过程中就不会产生收缩。如果面团在擀开时开裂，不要担心——将擀开的面团用擀面杖先凑合着卷起来，转移到模具中，再按压到模具的底部和四周位置上，然后将所有的裂口都捏合到一起，用手指按压平整，在面团表面不要留下任何缝隙和缺口。

如何制作**蛋奶酱**

蛋奶酱有点类似于非常浓稠的卡仕达酱，常用于制作新鲜水果塔和其他种类的甜点。与卡仕达酱不同，蛋奶酱使用淀粉来增稠，并且在加热之后不会分解，但需要特别注意的是，在加热的过程中要持续不停地搅拌以确保蛋奶酱能够保持细腻柔滑和足够的浓稠度，并且没有颗粒存在。

在倒入热牛奶的过程中要始终不停地搅拌。

制作蛋奶酱基料

因为制作好的蛋奶酱必须足够浓稠，呈奶油状，所以你必须将制作蛋奶酱基料所使用的原材料搅打至非常细腻。首先你必须使用面粉、鸡蛋和糖制作成一种面糊状的基料并用力搅拌成非常细腻的柔滑状。

蛋奶酱制作好之后会非常浓稠。

小窍门： 冷却蛋奶酱时，可以将其用勺舀到盆里，在表面覆盖一张圆形的油纸，防止蛋奶酱表面结皮。

将蛋奶酱基料加热

用小火慢慢加热蛋奶酱基料大约3分钟。用搅拌器始终不停地搅拌，直到从稀薄状变成非常浓稠、细腻柔滑的质地。要测试蛋奶酱是否制作好了，可以拿出搅拌器——如果带出的蛋奶酱是尖状的并且形状不会消失，表示蛋奶酱已经熬煮好了。连续不停地搅拌是为了防止蛋奶酱形成结块并可以防止蛋奶酱粘到锅边上。要确保提前制作好蛋奶酱，因为蛋奶酱需要完全冷却之后才可以使用。

草莓塔

供6~8人
食用

烘烤
25分钟

不添加馅料，面皮
最多可以保存12周

原材料

100克无盐黄油，冻硬之后切成小粒状

150克普通面粉，多备出一些，撒面用

150克细砂糖

1个蛋黄和2个鸡蛋

1½茶勺香草香精

6汤勺红醋栗果酱（红加仑子果酱），涂抹塔表面用

50克玉米淀粉

400毫升全脂牛奶

300克草莓，去蒂切成厚片

所需器具

23厘米活动底塔模

焗豆或者干豆类

制作和烘烤塔面皮

将黄油揉搓进过筛后的面粉中，直到形成面包糠般的颗粒状。拌入50克糖。将蛋黄与半茶勺香草香精搅打均匀，倒入面粉混合物中，根据需要，也可以加入一点儿水，混拌成柔软的面团。用保鲜膜覆盖好，放入冰箱内冷藏松弛1小时。将烤箱预热到180℃。在撒有薄薄一层面粉的工作台面上，将松弛好的面团擀开成厚度为3毫米的大片。铺到模具中，去掉多余的部分，用叉子在底部戳出一些孔后铺上油纸，倒入焗豆，放到烤盘里，放入烤箱空烤20分钟，取出油纸和焗豆之后继续烘烤5分钟。用1汤勺热水将红醋栗果酱搅拌至溶开，在塔面皮上涂刷一层，冷却。

为什么？ 在塔面皮上涂刷红醋栗果酱可以形成一层甜味涂层，以防止面皮添加馅料后变得湿润。

制作馅料

制作蛋奶酱，将剩余的糖、玉米淀粉、鸡蛋和1茶勺香草香精一起搅打均匀。在锅内将牛奶加热至快要沸腾时，倒入搅打好的混合物里，并不停地搅打。将搅拌好的蛋奶酱倒回锅内，用中火加热，搅拌4~5分钟，或者一直搅拌至变得浓稠。然后转成小火继续熬煮2~3分钟，继续不停地搅拌。然后将蛋奶酱倒入盆内，用保鲜膜覆盖好，完全冷却。

组装和服务上桌

搅打冷却好的蛋奶酱直到变成细腻光滑状，然后涂抹到面皮上使其形成厚度均匀的涂层。在蛋奶酱上摆好草莓，从塔外侧呈圆形朝向中间一圈一圈地摆放。重新加热红醋栗果酱至呈流动状，涂刷到草莓表面上并使其凝固。小心地将制作好的草莓塔从模具中取出，摆放到餐盘内。

要记住： 为节省时间，蛋奶酱可提前一天制作好，放入冰箱冷藏一晚上。只需要确保在涂抹到塔面皮之前重新搅打至细腻光滑且柔软。

覆盆子塔配巧克力奶油

供6~8人食用　烘烤20~25分钟　不添加馅料，塔面皮最多可以保存12周

原材料

125克普通面粉，多备出一些，撒面用

20克可可粉

100克无盐黄油，冻硬之后切成小粒状

150克细砂糖

1个蛋黄和2个鸡蛋

1½茶勺香草香精

50克玉米淀粉

450毫升全脂牛奶

175克优质黑巧克力，切碎

400克覆盆子

糖粉，撒面装饰用

所需器具

23厘米活动底塔模

焗豆或者干豆类

制作和烘烤塔面皮

将面粉和可可粉过筛，加入黄油，揉搓到形成类似于面包糠般的颗粒。拌入50克糖。将蛋黄与半茶勺香草香精搅打到一起，倒入面粉混合物中，混合成为一个柔软的面团，根据需要，也可以加入一点儿冷水。用保鲜膜覆盖好，放入冰箱内冷藏松弛1小时。将烤箱预热到180℃。在撒有薄薄一层面粉的工作台面上，将松弛好的面团擀开成为3毫米厚的大片。铺到模具中，除掉多余的部分，用叉子在底部戳出一些孔，铺上油纸，倒入焗豆，摆放到烤盘里，放入烤箱内空烤20分钟，取出油纸和焗豆之后继续烘烤5分钟至完全成熟。从烤箱内取出后，放到一边使其冷却。

制作馅料

将剩余的糖、玉米淀粉、鸡蛋和1茶勺香草香精一起搅打均匀。在锅内将牛奶和100克巧克力一起加热至快要沸腾，在加热的过程中要不时搅拌，使得巧克力完全融化。然后将热牛奶倒入混合物中，同时要不停地搅打。将搅拌好的巧克力蛋奶酱倒回锅内，用中火加热，同时要持续不断地搅拌4~5分钟，或者一直搅拌至变得浓稠。然后转成小火继续熬煮2~3分钟，同时还要不停地搅拌。将搅拌好的巧克力蛋奶酱倒入盆内，用保鲜膜覆盖好，以防止形成结皮，放到一边使其完全冷却透。

组装和服务上桌

将剩余的巧克力放入耐热盆内，放到装有热水并用小火加热的锅上，隔水加热使其融化。涂刷到面皮上并使其凝固。从模具中取出塔面皮并摆到餐盘内。搅打冷却之后的巧克力蛋奶酱直到变得细腻光滑，然后用勺舀入塔面皮中，再摆好覆盆子，最后在塔表面用一个小的细网筛撒上糖粉装饰。

小窍门： 你可以提前一天制作好塔面皮和巧克力蛋奶酱，但是塔最好在食用当天制作好。

如何制作**夹心甜味派**

夹心甜味派是在模具内先铺好甜味油酥面皮，并在大量的馅料表面上再覆盖好一层甜味油酥面皮之后烘烤而成的水果派，这样制作出的派是"双层面皮"。与已经制作过的塔不同，夹心甜味派不需要提前空烤，因为这种派先用高温将派底和表面覆盖的面皮烘烤好之后定型，然后再将炉温降低，继续长时间的烘烤至成熟。夹心甜味派的底部，不会如同空烤的塔面皮一样具有酥脆的口感，也不会出现干硬的情况。

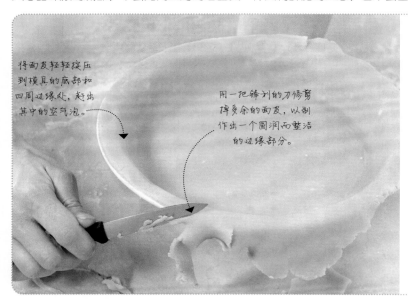

将面皮轻轻按压到模具的底部和四周边缘处，赶出其中的空气泡。

用一把锋利的刀修剪掉多余的面皮，以制作出一个圆润而整活的边缘部分。

在模具内铺派面皮

在撒有薄薄一层面粉的工作台面上，将一半的油酥面团擀开成为比派模宽出5厘米的圆片状。这样你就有了足够的油酥面团来铺到模具中。将面皮按压到模具的底部和四周，在模具的四周呈一定的角度，并紧挨着模具四周，修剪掉多余的部分。这样做会让面皮在烘烤的过程中尽量不收缩。

在边缘处涂刷的蛋液起到了密封的作用。

用擀面杖将擀开的面皮转移到馅料上并展开覆盖住馅料。

填入馅料并覆盖好派

将馅料用勺舀入面皮中，用毛刷在面皮的边缘处涂刷上打散的蛋液，将剩余的面团擀开，覆盖到派表面。将边缘处的两层面皮按压到一起，然后用刀背在边缘处制作出造型（见第69页内容）。

苹果派

供6~8人　　烘烤　　　不宜
食用　　50~55分钟　冷冻保存

原材料

350克普通面粉，多备出一些，撒面用

½茶勺盐

150克猪油或者白色植物油，切成小粒状，多备出一些，用于涂抹模具

100克细砂糖，多备出一些

1千克苹果，去皮，去核，并切成中等大小的片状

1个柠檬，挤出柠檬汁

½茶勺肉桂粉，或者根据需要酌情添加

¼茶勺豆蔻粉，或者根据需要酌情添加

1个鸡蛋，打散成蛋液，用于涂刷面皮

1汤勺牛奶，涂抹表面用

在23厘米圆形浅边派模涂抹上猪油或植物油。

制作派面皮

将面粉过筛，加入盐和猪油，揉搓成面包糠般的颗粒状。拌入2汤勺糖，再拌入6汤勺冷水，或者足量冷水，混合成柔软的面团，将面团塑成球形，用保鲜膜覆盖好，放入冰箱内冷藏松弛30分钟。

制作苹果派

在撒有薄薄一层面粉的工作台面上，擀开一半的面团，铺到模具中，将面皮轻轻地按压到模具的底部和四周浅边上。去掉多余的部分，放入冰箱内冷藏松弛15分钟。将切好的苹果片放入盆内，加入柠檬汁拌均匀。撒入2汤勺面粉、100克糖、肉桂粉和豆蔻粉，搅拌至完全混合好。

为什么？ 在苹果片中加入面粉，可以让馅料中的苹果汁在烘烤的过程中变得浓稠。

将苹果馅料舀入模具中，在中间位置稍多，以形成一个稍高的堆状。在边缘处的面皮上涂刷上蛋液，将剩余的面团擀开至能够完全覆盖住派。覆盖到派上并去掉多余的部分。将边缘处两层面皮按压好，在边缘处做出各种花边造型。在派中间位置切割出一个x形，并将x形的四个三角拉起来，露出馅料。你也可以用剩余的面团制作出各种造型，用少许水粘到表面上，然后在派表面涂刷上牛奶，再撒上少许糖，冷藏30分钟。将烤箱预热至220℃。

烘烤和服务上桌

苹果派先烘烤20分钟，然后将烤箱温度降至180℃，继续烘烤30~35分钟，或者一直烘烤到派变得香脆并呈金黄色。如果派表面上色太快，可以覆盖锡纸后继续烘烤。烘烤好之后要趁热食用。

大黄草莓派　将下述原材料混合好作为馅料：1千克大黄片，1个橙子的碎皮，250克细砂糖和¼茶勺的盐。再拌入375克去蒂、切成两半的草莓。舀入铺好派面皮的模具内。在馅料上淋撒上15克黄油粒，然后按照上述菜谱的制作步骤继续制作即可。

如何制作**酵母面包**

这种酵母面包需要使用面筋含量非常高的面粉，以产生良好的组织结构层次，并依靠酵母的力量使其膨发到位。要制作出膨发饱满的面包，你必须让酵母溶于水中（称为"唤醒"），将面团揉至具有了可伸展性并发挥出面粉中的筋力，然后使其醒发，再"揉制"出面团中的空气泡，在烘烤之前使其最后一次重新醒发起来。

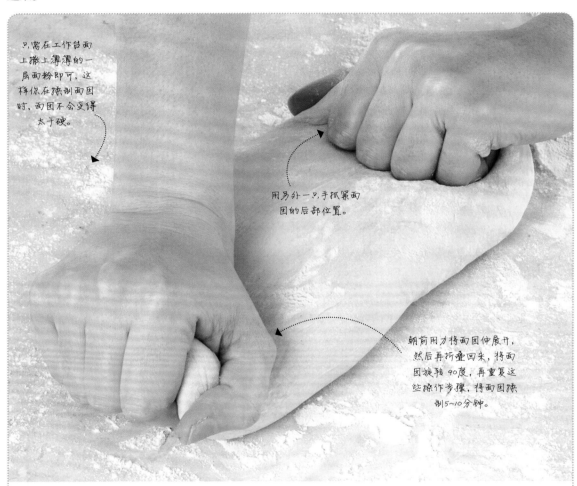

只需在工作台面上撒上薄薄的一层面粉即可，这样你在揉制面团时，面团不会变得太干硬。

用另外一只手抓紧面团的后部位置。

朝前用力将面团伸展开，然后再折叠回来，将面团旋转90度，再重复这些操作步骤，将面团揉制5~10分钟。

揉制面团

揉制的过程使得面团具有了可伸展性，并可以发挥出面粉中的筋力，帮助面包膨发得更加充分。要朝向身体的外侧揉面并将面团折叠回来时，将面团转动90度。这个动作会确保面筋分布得非常均匀，而且酵母也会分布均匀。如果你没有很好地揉制面团，你的面包就不会醒发到位。当把面团揉制到表面光滑，并且用手指按压面团时，能够立刻"回弹"表示面团已经揉制好了。

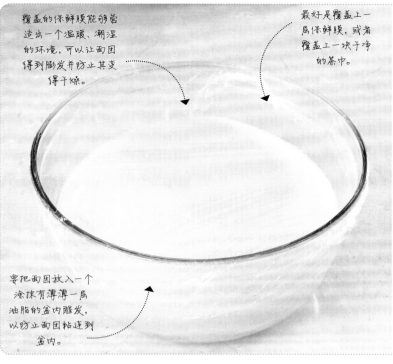

覆盖的保鲜膜能够营造出一个温暖、潮湿的环境，可以让面团得到膨发并防止其变得干燥。

最好是覆盖上一层保鲜膜，或者覆盖上一块干净的茶巾。

要把面团放入一个涂抹有薄薄一层油脂的盆内醒发，以防止面团粘连到盆内。

让面团醒发

将面团放置到一个温暖的地方醒发大约1小时或者等到其膨发至两倍大。如果将面团放置在一个比较冷的环境里，将会相应地延缓膨发的过程。膨发的过程让面团中的所有成分共同作用而产生二氧化碳气体，面团中面筋的张力让面团得到伸展，并且能够捕捉到面团中的二氧化碳气体。在烘烤的过程中，二氧化碳气体从面团中得到释放，就会烘烤出质地轻柔、膨发饱满的面包。

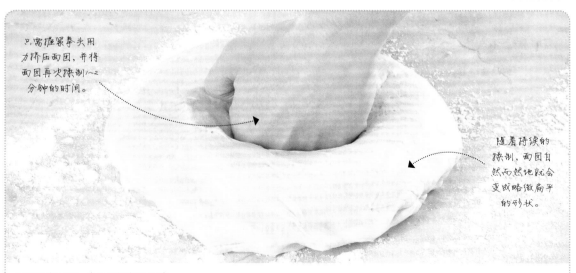

只需握紧拳头用力挤压面团，并将面团再次揉制1~2分钟的时间。

随着持续的揉制，面团自然而然地就会变成略微扁平的形状。

再次揉面（二次揉面）

你需要将刚醒发好的面团重新揉制一次，这种做法可以将多余的二氧化碳气体排出，并让面团中的酵母成分重新分布均匀。经过重新揉制之后，将面团再次塑形，并在烘烤之前做最后一次醒发。

烘烤面包的科学原理

发酵面包面团内部所发生的化学反应过程，在本质上与酿造啤酒相类似。在这两种例证中，酵母都会主动与糖结合，并产生二氧化碳气体和酒精。而制作面包的关键之处就在于，要在面包面团内部产生二氧化碳气体，这些二氧化碳气体会让烘烤之后的面包质地变得异常疏松。

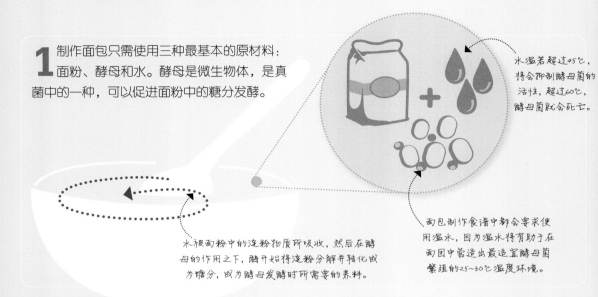

1 制作面包只需使用三种最基本的原材料：面粉、酵母和水。酵母是微生物体，是真菌中的一种，可以促进面粉中的糖分发酵。

水温若超过45℃，将会抑制酵母菌的活性，超过60℃，酵母菌就会死亡。

水被面粉中的淀粉物质所吸收，然后在酵母的作用之下，酶开始将淀粉分解并转化成为糖分，成为酵母发酵时所需要的养料。

面包制作食谱中都会要求使用温水，因为温水将有助于在面团中营造出最适宜酵母菌繁殖的25～30℃温度环境。

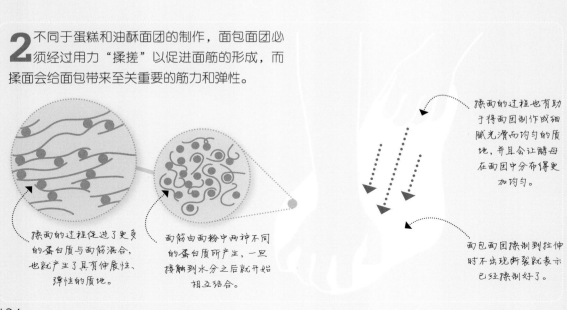

2 不同于蛋糕和油酥面团的制作，面包面团必须经过用力"揉搓"以促进面筋的形成，而揉面会给面包带来至关重要的筋力和弹性。

揉面的过程促进了更多的蛋白质与面筋混合，也就产生了具有伸展性、弹性的质地。

面筋由面粉中两种不同的蛋白质所产生，一旦接触到水分之后就开始相互结合。

揉面的过程也有助于将面团制作成细腻光滑而均匀的质地，并且会让酵母在面团中分布得更加均匀。

面包面团揉制到拉伸时不出现断裂就表示已经揉制好了。

3 然后，酵母就会将糖分转化成二氧化碳气体和酒精。二氧化碳气体在有弹性的面团中不断扩大，但是无法逸出，这样就在面团中形成了许多小的气孔。

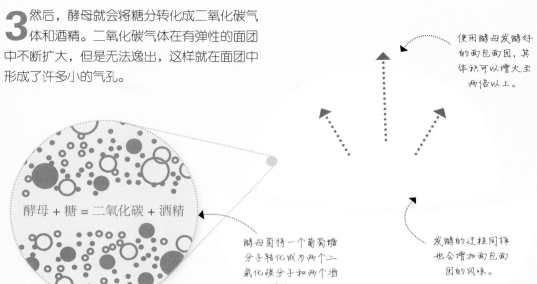

酵母 + 糖 = 二氧化碳 + 酒精

使用酵母发酵好的面包面团，其体积可以增大至两倍以上。

发酵的过程同样也会增加面包面团的风味。

酵母菌将一个葡萄糖分子转化成为两个二氧化碳分子和两个酒精分子。

4 面包面团中的二氧化碳气体在烤箱内温度的作用下会胀裂开，并且水分和酒精分子会蒸发，使得面团中的空气泡扩展开，因此面包会进一步胀大。在70~80℃时，蛋白质和淀粉会凝固定型，构建出面包中最终的组织结构。

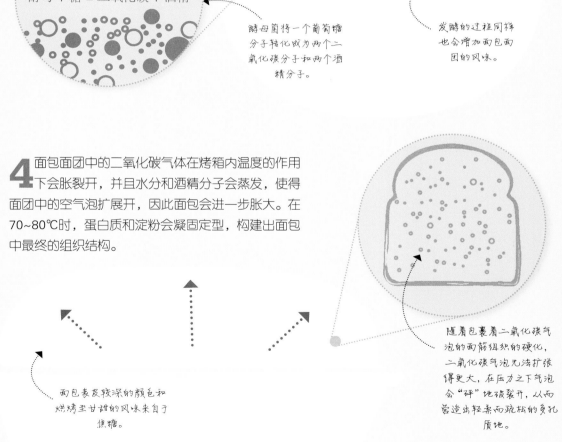

随着包裹着二氧化碳气泡的面筋组织的硬化，二氧化碳气泡无法扩张得更大，在压力之下气泡会"砰"地破裂开，从而营造出轻柔而疏松的复孔质地。

面包表皮较深的颜色和烘烤至甘甜的风味来自于焦糖。

练习制作酵母面包
迷迭香佛卡夏

　　佛卡夏(focaccia)是一款使用酵母发酵的意大利风味面包，使用了橄榄油来丰富口感和增添风味，在表面撒有各种香草。佛卡夏面包面团需要二次醒发并且制作异常简单，对于初学者来说是一款入门级的练手佳作。

供6~8人食用　烘烤15~20分钟　不宜冷冻保存

原材料

1汤勺干酵母

425克高筋面粉，多备出一些，用于撒面

2茶勺盐

从5~7枝迷迭香上摘取的叶，将其中2/3切碎

90毫升橄榄油，多备出一些，涂抹烤盘用

1/4茶勺现磨的黑胡椒粉

海盐粒

所需器具

38厘米x23厘米深边烤盘

干酵母

高筋面粉

盐和海盐

橄榄油

迷迭香

黑胡椒粒

深边烤盘

总时间2小时20分钟~3小时10分钟，包括1½~2¼小时的醒发时间

准备时间
5分钟

制作时间
30分钟，加上醒发时间

烘烤时间
15~20分钟

1 用4汤勺温水浸泡干酵母使其具有活性，放到一边静置5分钟。将面粉过筛到一个大盆内，加入盐，在面粉中间做出一个窝穴，将切碎的迷迭香、酵母液体、4汤勺橄榄油和250毫升温水倒入窝穴中，逐渐地将面粉拌入到混合物中，揉制成为一个柔滑的面团。

要注意！ 要使用温水浸泡酵母，热水会将酵母菌杀死。

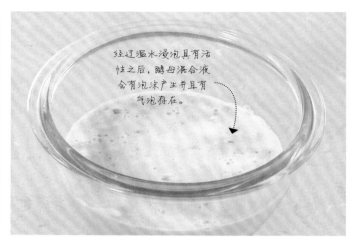

经过温水浸泡具有活性之后，酵母混合液会有泡沫产生并且有气泡存在。

揉制好的面团应具有柔软光滑而充满弹性的质地，用手指按压时，很轻易地就能够弹回。

2 将和好的面团从盆内取出放到撒有面粉的工作台面上，揉制5~7分钟。然后塑成一个圆形，这有助于面团的膨发，将揉好的面团放入一个涂抹有薄薄一层橄榄油的盆内，盖好，醒发1~1½小时直到体积增至两倍大。取出面团再次放置到工作台面上，用拳头挤压面团，排出面团中的气体。重新揉制几下，然后覆盖好，再次醒发5分钟。

3 在烤盘内涂刷上薄薄的一层橄榄油。将醒发好的面团摆放到烤盘内用手将其按压至扁平形状，使其在烤盘内铺设得平整均匀。用茶巾盖好之后，再次醒发35~45分钟直到面团膨发起来一点儿。

为什么？ 面团需要最后一次醒发，以便能够得到充分的膨发，便于你在表面制作出窝形。

将面团按压到烤盘四周——你或许需要用力一些，因为一块有弹性的面团在按压并使其平整时会出现收缩。

4 将烤箱预热至200℃。将剩余的迷迭香叶和胡椒撒到铺在烤盘内的面团上。在整个面团表面上戳出一些深窝形，淋洒上剩余的橄榄油，并撒上海盐。放入烤箱内烘烤15~20分钟，直到表面变成金黄色。

为什么？ 戳出一些深的窝形是为了防止佛卡夏在烘烤的过程中膨发过度。

要在面包表面制作出深窝形，可以用手指在表面戳出一些分布均匀的窝形。

颜色金黄、香味浓郁的**迷迭香佛卡夏**

完美无瑕的佛卡夏，其颜色应该是浅金黄色，厚度大约在2厘米并且膨发得均匀平整，质地轻柔而且气孔分布均匀。

哪个步骤做得不对？

佛夏卡没有膨发到位。你醒发的时间不够。足够的醒发时间，才能让酵母正常作用。

佛卡夏膨发得不够均匀平整。要避免这一点，面团需要在烤盘内铺设得平整均匀。

佛卡夏非常硬而沉重。你没有将面团揉制到位，以便让面筋充分释放出来。下一次制作时，揉制10分钟，并确保是反复揉制。

撒在佛卡夏表面的迷迭香焦煳了。烤箱的温度设定的太高了。

橄榄油会通过表面的窝形渗透进入面包中去。

看酥的脆壳。

分布均匀的窝形。

质地轻柔。

去试试更多的酵母面包食谱 ▶ ▶ ▶

白面包

制作1条　　烘烤　　最多可以
　　　　　40~45分钟　保存4周

原材料

500克高筋面粉，多备出一些，用于撒面

1茶勺盐

2茶勺干酵母

1汤勺葵花籽油，多备出一些，涂抹面包用

制作面团

将面粉过筛，加入盐，在另一小盆用300毫升温水溶解干酵母，溶解之后加入葵花籽油。

要注意! 使用温水溶化干酵母，热水会杀死酵母菌。

在面粉中间做出一个窝穴形，将酵母混合液倒入其中，与面粉搅拌到一起形成一个粗糙的面团。放到撒有薄薄一层面粉的工作台面上，揉制10分钟直到顺滑。揉好后放到涂抹有一层油的盆内，用毛巾覆盖好，放到温暖处发酵2小时，或者膨发到两倍大。将面团取出至工作台面上，重新揉制至光滑，揉好的面团，其体积应该与未发酵时一样大。

塑形并烘烤

将面团塑形成一个长的、微弯曲的椭圆形，放到烤盘内，用保鲜膜和毛巾覆盖好，放到温暖处醒发1小时或者体积增至两倍大。将烤箱预热至220℃。

用一把锋利的刀在膨发好的面团表面刻划出2~3刀斜线花刀，这有助于面团在烘烤时继续膨发。在面团表面撒上面粉。将摆放面团的烤盘放到烤箱内中层层架上。在底层也摆放上一个烤盘，快速地在烤盘内倒入一些开水，立刻关闭烤箱门。

为什么? 在底层烤盘内倒入开水，在烘烤时产生水蒸气，有助于面包膨发并形成一层脆硬的外皮。

先烘烤10分钟，将温度降到190℃继续烘烤30~35分钟，直到外皮酥脆并呈现金黄色，轻敲面包时发出空洞的声音。取出面包，放到烤架上冷却。

核桃和迷迭香面包　在二次揉面之后，将175克切碎的核桃仁和3汤勺切成碎末的迷迭香揉进面团中，将面团分割成两块，每一块都塑成15厘米的圆形，摆放到烤盘上，覆盖好一块毛巾，继续醒发30分钟。待醒发到体积增加到两倍大时，涂刷上葵花籽油，根据食谱要求烘烤30~40分钟。

全麦农家面包

制作2条　　烘烤　　最多可以
　　　　40~45分钟　保存8周

原材料

3汤勺蜂蜜

3茶勺干酵母

60克无盐黄油，融化开，多备出一些，用于涂抹烤盘

1汤勺盐

625克高筋全麦面粉，最好使用石磨磨出的面粉

125克高筋面粉，多备出一些，用于撒面

制作面包面团

将1汤勺蜂蜜和4汤勺温水混合好，加入酵母，静置5分钟使酵母溶化开，期间要搅拌几次。在一个大盆内，将融化后的黄油、酵母混合液、盐、剩余的蜂蜜和400毫升温水一起混合好。加入一半全麦面粉和全部的高筋面粉混合好。将剩余的全麦面粉按照每次125克分次加入，每次加入之后都要混合好。最后制作好的面团应柔软而略带一点黏性。

取出面团，放到撒有薄薄一层面粉的工作台面上，揉制10分钟至面团光滑细腻并有弹性。将面团放入涂抹有黄油的盆内并转动面团揉搓几下，让面团表面沾满黄油。覆盖上湿润的毛巾，放到温暖的地方醒发1~1½小时，或醒发到体积增至两倍大。

为什么？ 在温暖的环境中，酵母生长良好，会加速发酵的过程。

塑形并烘烤

取出面团，放到工作台面上，重新揉制并排出空气。重新盖好松弛5分钟，然后均等地切割成3大块，将其中一大块切成两半，成为两小块。将一大块面团揉制成一个圆形，揉制过程中产生的所

有皱褶都拉伸到面团的底部，并将皱褶朝下摆放到涂有黄油的烤盘内。然后将一小块面团揉制成小的圆形，与大块面团的揉制方法一样，将带有皱褶的底部摆放到大的圆形面团上。用手指在面团的中间进行按压，将两个圆形面团按压到烤盘内。将剩余的两块面团，按照此步骤重复操作，制作出两块面团。

用毛巾覆盖好面团，放到温暖的地方醒发45分钟，或者醒发到体积增至两倍大。将烤箱预热至190℃。烘烤40~45分钟，或者一直烘烤至呈现出漂亮的金黄色。取出后摆放到烤架上冷却。

要记住： 当面包烘烤成熟后，轻敲面包底部时会发出空洞的声音。

如何制作**比萨面团**

要制作出芳香、轻柔而膨发饱满的比萨面团，花费不了你多少时间。提前一天准备好比萨面团，并保存在冰箱内醒发一晚上。待到第二天取出来之后，你需要做的工作只是擀开面团——不需要排出面团中全部的空气，尽管有点棘手的是在你添加上馅料并将比萨烘烤至诱人的金黄色之前，需要将面团擀制成一个非常完美的圆形。

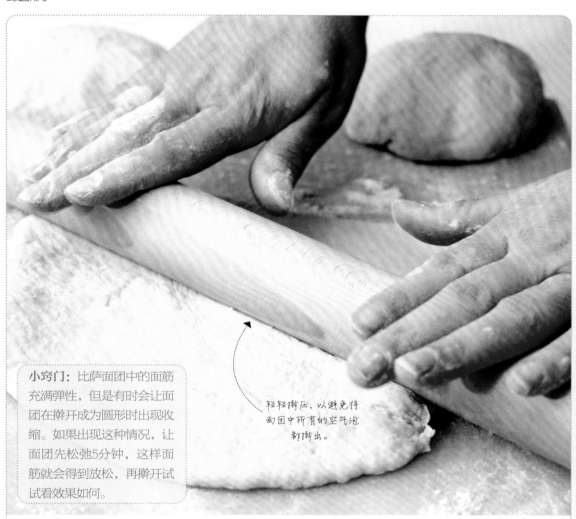

小窍门： 比萨面团中的面筋充满弹性，但是有时会让面团在擀开成为圆形时出现收缩。如果出现这种情况，让面团先松弛5分钟，这样面筋就会得到放松，再擀开试试看效果如何。

轻轻擀压，以避免将面团中所有的空气泡都擀出。

擀开比萨面团

在撒有薄薄一层面粉的工作台面上，使用擀面杖，其上撒上少许面粉，从面团的中间朝外擀开，一次　只朝一个方向擀开。擀开一次后转动面团90度，再继续擀开，直至将比萨面团擀开至所需要的大小。

四季比萨

制作4个
23厘米的
比萨

烘烤
40分钟

不宜
冷冻保存

原材料

3茶勺干酵母

5汤勺橄榄油，多备出一些，用于涂抹烤盘

500克高筋面粉，多备出一些，用于撒面

½茶勺盐

25克无盐黄油

2颗青葱，切碎

1片香叶

3瓣蒜，拍碎

1千克熟透的圣女果（小番茄），去籽切碎

2汤勺番茄酱

1汤勺细砂糖

175克马苏里拉奶酪，切成薄片

115克蘑菇，切成薄片

2个烤熟的红辣椒，切成细条

8条银鱼柳，分别纵长切成两半

115克意大利辣香肠，切成薄片

2汤勺水瓜柳

8个洋蓟心，切成两半

12粒去核黑橄榄

制作比萨面团

用360毫升温水将酵母溶化开，加入2汤勺橄榄油。将面粉过筛，加入盐，倒入酵母液，搅拌混合为面团。在撒有薄薄一层面粉的工作台面上，将面团揉制10分钟至光滑而富有弹性。塑成圆形后放到涂有一层橄榄油的盆内，覆盖好涂有橄榄油的保鲜膜。放到温暖处醒发1~1½小时到体积增至两倍。

制作比萨酱汁

加热融化黄油，加入1汤勺橄榄油、青葱、香叶

和大蒜，小火煸炒5~6分钟，不要让青葱和大蒜上色。然后加入番茄碎、番茄酱翻炒，再加入糖，继续翻炒5分钟。加入250毫升水，烧开，继续用小火炖30分钟，期间要不断地搅拌，直至将汤汁炖熬至浓稠状。炖好后挤压过筛，调味之后冷却备用。

为什么？ 过筛可以制作出细腻润滑的酱汁，并且酱汁要有足够的浓稠度，这样比萨才不会变得潮湿，番茄酱汁的风味也不会占据主导地位。

制作比萨并烘烤

将烤箱预热至200℃。 将面团放到撒有面粉的工作台面上揉制。将面团分割成4块，并分别揉搓成圆形，再分别擀开成为直径为23厘米的圆片。将擀好的圆片放到涂有橄榄油的烤盘内。将番茄酱汁涂抹到表面，在外侧边缘的2厘米不涂抹。将马苏里拉奶酪分成4份，撒到比萨上。将蘑菇分别摆放到4个比萨的1/4位置处，并涂刷上橄榄油。将红辣椒依次摆放到另外1/4处，在其上摆好银鱼柳。紧挨着的1/4处摆上意大利辣香肠和水瓜柳，在最后一个1/4处摆放洋蓟心和橄榄。一次烘烤2个比萨20分钟，烘烤到表面呈现金黄色。趁热食用。

如何制作**甜味面包**

甜味面包，例如水果餐包，使用的是用酵母发酵的面包面团，添加黄油、牛奶和糖等原材料来丰富口感。这些原材料给甜味面包带来了更诱人的风味和更加柔软的质地。膨发好的甜味面包面团，也会因为这些原材料而变得柔软了一些，其更是成功制作出甜味面包的秘诀，从而令人对这些甜味面包爱不释手。

在盘内的面粉中间做出一个窝穴形，使得加入的酵母混合液更容易与面粉混合到一起。

加入牛奶和酵母

为了让面团充分膨发，你需要在干酵母中加入温水使其溶解开。将牛奶略微加热，使其微温，能够伸入一根手指感觉到温热的程度——过热的温度会杀死酵母菌。然后将温牛奶倒入干酵母中，静置10分钟，或者一直待其表面有泡沫出现。这表示在将酵母液体倒入其他原材料中之前，酵母被激活并且具有了活性。

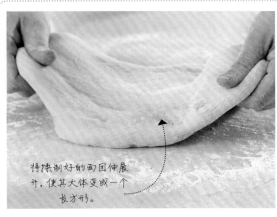

将揉制好的面团伸展开，使其大体变成一个长方形。

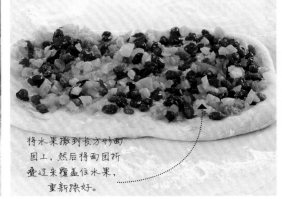

将水果撒到长方形的面团上，然后将面团折叠过来覆盖住水果，重新揉好。

加入水果

一旦面团膨发好之后就要在面团中加入水果并重新揉好。在此阶段，你需要将面团先拉伸成为一个长方形，然后将水果撒到表面上，再将面团折叠过来

盖住水果，并轻轻揉制面团，直到水果在面团中分布得均匀到位。最后再将面团塑形，摆到烤盘内，使其在烘烤之前再次膨发。

香浓水果餐包

制作12个　　烘烤　　最多可以
　　　　　　15分钟　　保存4周

原材料

250毫升牛奶

2茶勺干酵母

500克高筋面粉，多备出一些，用于撒面

1茶勺混合香料

½茶勺豆蔻粉

1茶勺盐

6汤勺细砂糖

60克无盐黄油，切成粒状，多备出一些，用于涂抹

植物油，用于涂抹盆和烤盘

150克混合干果

2汤勺糖粉

¼茶勺香草香精

制作面包面团

将牛奶加热至温热，拌入干酵母，盖好，静置10分钟，直到牛奶表面起了一层泡沫。

要注意！ 牛奶加热至温热即可，过热会杀死酵母。

将面粉过筛，加入混合香料、盐和糖，将黄油揉搓进面粉混合物中（见第26页内容），直到制成细面包糠般大小的颗粒状。将酵母混合液倒入面粉混合物中，拌和到一起形成柔软的面团。将面团取出置于撒有薄薄一层面粉的工作台面上揉制10分钟。将揉制好的面团塑成圆形，放到涂抹有黄油的盆内，覆盖好，再放到温暖的地方醒发1小时。

制作餐包

将醒发好的面团取出放到撒有薄薄一层面粉的工作

台面上，揉搓几下，制成长方块。撒上混合干果，将面团从中间折叠过来，覆盖住干果，继续揉制面团，让干果在面团中均匀地分散开。

为什么？ 必须在面团第一次醒发好之后将干果揉进面团。否则，面团会因为有干果而膨发不足。

将面团分成12块，分别滚成圆形，放到涂有黄油的烤盘内，相互之间要留出充足的间距。盖好之后放到温暖的地方发酵30分钟，或至体积增至两倍。

烘烤和增亮

将烤箱预热至200℃。将醒发好的餐包烘烤15分钟，或烘烤到用手指轻敲餐包底部发出空洞的声音。取出餐包，放到烤架上略微冷却。在餐包没有冷却透之前，将糖粉、香草香精和1汤勺冷水混合好，趁热涂刷到餐包表面，餐包呈现晶莹光亮的美感。

小窍门： 这些餐包如果在一个密闭容器内妥善保存，最多可以存放2天。

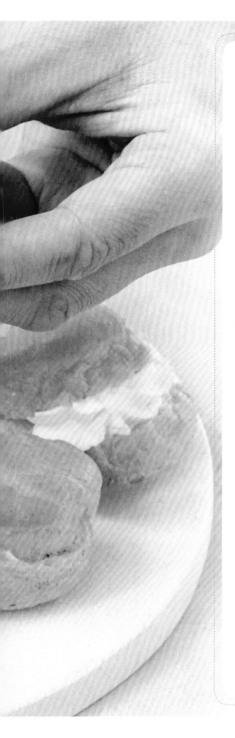

3
拓展篇

随着对这些在最后部分里精挑细选出的食谱和新技法的学习与掌握，相信会将你的烘焙技能提升到一个全新的高度。在制作这些新的食谱内容的过程中，会检验你所掌握的这些新的烘焙技法，并且相信你会以它们为基础，去制作出富丽堂皇的奶油蛋糕，去学习如何卷起和折叠酥皮面团以制作出质地轻柔蓬松、富含香浓黄油风味的丹麦面包，以及用香喷喷的花式面包让你的亲朋好友和家人情不自禁地为你欢呼雀跃。

在这一部分中，我们要学会烘烤

奶油蛋糕　　**泡芙面团**
第148~157页　第158~167页

丹麦面包　　**手工面包**
第168~177页　第178~187页

如何制作**奶油蛋糕**

奶油蛋糕，通常会分层切割开，夹上奶油和水果作为馅料，是所有种类的蛋糕中质地最为轻柔的。在制作奶油蛋糕的过程中，只添加了一点油脂而没有添加膨松剂，所以在蛋糕糊中混入大量的空气就显得至关重要。要做到这一点，需要长时间的搅打，最好是在搅打的过程中略微加热，并小心地将面粉翻搅进去，避免气体逃逸。

蛋液混合物至少要搅打5分钟，或者搅打至体积增至3倍。

使用一个比锅沿宽大出一些的盆，这样盆的底部就不会接触到锅里的水，否则，热水会让蛋液"成熟"。

小窍门： 你可以通过痕迹测试是否打发进入了足够多的空气，抬起搅拌器，如果从搅拌器上滴落到表面的鸡蛋混合物留下了明显的痕迹并且不会消失时，表示已经搅打好了。

搅打鸡蛋和糖

小火加热锅内的水，隔水加热并搅打鸡蛋和糖至浓稠状。在搅打的过程中，温度升高有助于糖的溶化

并且会让鸡蛋变得略微浓稠，能够让鸡蛋和糖组成的混合物包裹住在搅打过程中所产生的空气泡。

记得在搅打的过程
中，要将粘在盆边
上的原材料刮取到
盆里一起搅打。

不要过度搅拌蛋
糕混合物，否则
蛋糕会膨发不到
位而且会呈现扁
平状，蛋糕也会
变得沉重。

加入干粉原材料

使用大号金属勺子或者胶皮刮刀，按照画8字的方式，先将一勺干粉原材料混入鸡蛋混合物中，然后　将鸡蛋混合物再倒回干粉原材料中，动作要坚决而轻缓。一直搅拌到没有干粉原材料残留。

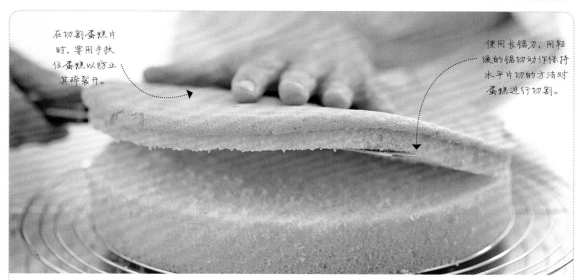

在切割蛋糕片
时，要用手扶
住蛋糕以防止
其碎裂开。

使用长锯刀，用轻
缓的锯切动作保持
水平片切的方法对
蛋糕进行切割。

将蛋糕分层切割

在切割蛋糕之前，先做好分层标记。如果切斜了，将锯刀顺势带回到标记上即可。将分层蛋糕取下来　的最佳做法是，双手伸到分层蛋糕下方，支撑住蛋糕片并小心地托起，放到适当的地方。

练习制作奶油蛋糕
黑森林蛋糕

如果有一款烘焙食品能够让你的客人在品尝之后能够拍案叫绝，那么它必定是口感浓郁、柔软丝滑的奶油蛋糕。看起来制作过程繁杂棘手，但是实际上只需掌握几种简单的技法，你就会取得梦寐以求的惊人效果。

供8人食用　　烘烤　　　蛋糕胚
　　　　　　40分钟　　最多可以
　　　　　　　　　　　保存4周

黄油　　　　鸡蛋　　　　金砂糖　　　普通面粉

原材料

85克黄油，融化开，多备出一些，用于涂抹

6个鸡蛋

175克金砂糖

125克普通面粉

50克可可粉

1茶勺香草香精

蛋糕夹馅和装饰材料

2罐425克罐装去核黑樱桃，控净汁液，用厨
房纸拭干，保留6汤勺汁液，将其中1罐黑樱
桃切成碎粒状

4汤勺樱桃利口酒（或者白兰地）

600毫升浓奶油

150克黑巧克力，切成碎末

所需器具

23厘米圆形卡扣式蛋糕模具

裱花袋和大号星状裱花嘴

可可粉　　香草香精　　黑樱桃　　樱桃利口酒

浓奶油　　　黑巧克力　　　裱花袋和星状裱
　　　　　　　　　　　　　花嘴

总时间1小时30分钟，加上蛋糕冷却的时间

准备时间　　　制作时间　　　烘烤时间　　　装饰蛋糕时间
10分钟　　　　20分钟　　　　40分钟　　　　20分钟

1 将烤箱预热至180℃。切出一个宽度为4.5厘米比模具侧面略微高的长条形油纸，贴到模具侧面。沿着油纸的一侧长边折叠出高2.5厘米的折痕，呈45度角在折痕处剪出一个缺口。然后将油纸剪口朝下铺到模具的侧面，油纸高出模具。将底部模具放到一张油纸上，沿着模具外侧画出一个圆形，将圆形油纸剪下来，铺到模具的底部。

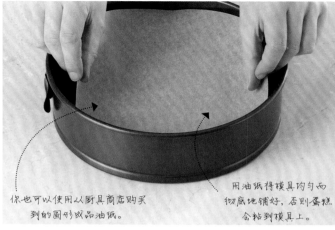

你也可以使用从厨具商店购买到的圆形成品油纸。

用油纸将模具均匀而彻底地铺好，否则蛋糕会粘到模具上。

将蛋液混合物搅打到扣起搅拌器时，带出的蛋液混合物痕迹不会消失的程度为好。

2 将鸡蛋和糖放入盆内，置于装有热水并用小火加热的锅上隔水搅打，一直搅打至蛋液变得非常浓稠，并且颜色发白。关闭火源让其略微冷却。

要注意！ 要保持低温加热，并且不要让盆底接触到锅内的热水。

3 将面粉和可可粉一起过筛。将干粉材料非常小心地叠拌进打发好的蛋液混合物中，这样就不会让混合物消泡。再将黄油和香草香精也叠拌进去。

要记住： 使用画8字的方式非常轻缓地叠拌以最大限度保留你刚才搅打出的空气泡。这些空气泡是制作出质地轻柔的海绵蛋糕的关键。

当面糊中没有明显的面粉和可可粉的斑点痕迹时，表示面糊已经搅拌好了。

4 用勺子将面糊舀入模具中，将表面涂抹平整，放入烤箱烘烤40分钟，或者烘烤到蛋糕膨发均匀并且四周略微有些收缩的程度。可以在蛋糕中间插入一根木签，如果拔出的木签表面是干净的，就表示蛋糕已经烘烤成熟了。如果木签上粘有面糊，再继续烘烤几分钟，再测试一次。蛋糕取出后先在模具中略微冷却。

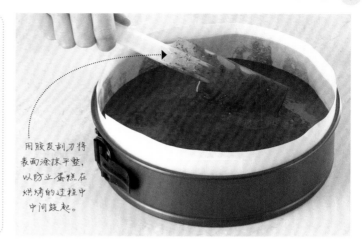

用胶皮刮刀将表面涂抹平整，以防止蛋糕在烘烤的过程中中间鼓起。

5 将蛋糕取出放到烤架上并小心地移除油纸。让蛋糕冷却透。

为什么？ 去掉油纸可以帮助蛋糕完全冷却，烤架会让蛋糕四周空气循环流通，热气会逸出，而不会冷凝成水让蛋糕变得潮湿。

6 使用一把锯刀，将蛋糕片切为3层。将预留出的樱桃汁液和樱桃利口酒混合好，分别淋撒到分好层的三层蛋糕上。

要注意！ 要确保混合有利口酒的汁液能够均匀地淋洒到蛋糕表面上，否则蛋糕中会有一部分变得潮湿，从而让蛋糕凹陷下去。

将蛋糕均匀地片切（分割）为三层，要保持水平切割。

7 将奶油打发至能够定型的程
度。将一片蛋糕放到一个餐盘
内，并涂抹上1/3的奶油，撒上一半
的樱桃碎粒。放上第二片蛋糕，重
复此操作步骤，在最上层摆放好最
后一层蛋糕片。

小窍门： 将奶油和樱桃在每一层蛋
糕上放上均等的分量，但是奶油不
要过多，否则会溢出。此步骤最适
宜使用抹刀来操作。

要小心摆放好蛋糕片，并
且不要朝下按压蛋糕片，
否则会将奶油挤出。

奶油只需涂抹到蛋糕
的侧面，要确保不要
涂抹到蛋糕的上面。

将巧克力碎末撒到抹刀上，然
后小心地将巧克力碎末按压到
蛋糕侧面的奶油上面，直到将
所有的奶油都覆盖好。

8 在蛋糕的侧面涂抹上一些打发
好的奶油。使用一把抹刀，将
巧克力碎末轻缓地按压到蛋糕侧面
的奶油上。

要注意！ 小心地在蛋糕侧面涂抹上
一层奶油，因为不可以在奶油中出
现蛋糕碎屑。

9 将裱花袋放到杯子中支撑住，裱
花袋口略微朝外翻开，舀入剩余
的奶油。将装好奶油的裱花袋置于蛋
糕上方，沿着蛋糕表面外侧挤出一
圈圆花造型，一只手在上，一只手在
下，握紧裱花袋，用在上方的那只手
轻缓地挤压裱花袋，直到能够挤出整
洁美观而且协调一致的漩涡状奶油。
将樱桃摆放到蛋糕的中心位置，在挤
出的圆花型奶油上撒上巧克力碎末。

摆放的樱桃要
控净汁液，否则
樱桃中的汁液
会让蛋糕变得
潮湿而软糯。

完美级柔软而香浓的**黑森林蛋糕**

制作成功的黑森林蛋糕应该轻柔芳香，并且在绵软柔和的口感中含有让人垂涎欲滴的奶油和樱桃馅料。

在挤出的圆形装饰奶油花上撒有巧克力碎末。

用奶油和切碎的黑樱桃组成口感丰富而滋润的馅料夹层。

柔软香浓且蓬松绵软的分层海绵蛋糕。

哪个步骤做得不对？

鸡蛋和糖的混合物看起来分离开了。你的盆底接触到锅内的热水了，让鸡蛋加热成熟从而形成了结块。

蛋糕非常扁平。你搅打鸡蛋和糖的时间不够。

在烘烤好的蛋糕中间有白色斑点。你没有将面粉叠拌均匀。

蛋糕的外侧潮湿。蛋糕在模具中冷却的时间过长。下一次，让蛋糕在模具中冷却不要超过5分钟，然后取出摆放到烤架上冷却透。

当我分层片切蛋糕时，蛋糕碎裂开了。你在切割时，蛋糕没有冷却透。要确保蛋糕完全冷却下来，因为蛋糕还热的时候非常容易碎裂开。

奶油从蛋糕侧面流淌下来。当你往蛋糕上涂抹奶油时，蛋糕没有冷却透，还是热的。

在切割制作好的奶油蛋糕时，蛋糕倒塌，奶油馅料被挤压得溢出。你在切割奶油蛋糕时，用力太大了，下一次，再将蛋糕切割成块状时，使用轻柔的锯切动作进行切割，这样你就不会将分层蛋糕挤压到一起了。

试试去按照食谱制作更多的奶油蛋糕 ▶▶▶

奶油覆盆子蛋糕

供8~10人
食用

烘烤
25~30分钟

蛋糕不夹馅
可以保存
4周

原材料

45克无盐黄油，融化开，多备出一些，用于涂抹模具

4个大个鸡蛋

125克细砂糖

125克普通面粉

1茶勺香草香精

1个柠檬，擦取碎皮

450毫升浓奶油

400克覆盆子，多备出一些，用于蛋糕装饰

1汤勺糖粉，多备出一些，用于撒面

所需器具

20厘米圆形卡扣式蛋糕模具

将烤箱预热至180℃。将蛋糕模具涂抹上黄油，并在蛋糕模具底部铺好油纸。

打发鸡蛋混合液

将汤锅内的水烧至快要沸腾时，从火上端离。将一个耐热盆放到汤锅上，要确保盆底没有接触到锅内的水。加入鸡蛋和糖，使用电动搅拌器打5分钟或者一直搅打至蛋液浓稠，抬起搅拌器时能够看到清晰的痕迹。混合液体积增至原来的5倍大。将盆从汤锅上端离开，继续搅打1分钟，使其冷却。

将面粉过筛，轻缓地与香草香精、柠檬碎皮和融化的黄油一起叠拌进打发好的鸡蛋液中，要小心尽量不要将蛋液中的空气泡搅拌碎裂。

烘烤蛋糕

将蛋糕糊舀入模具中，放入烤箱烘烤25~30分钟，

或者烘烤到表面有弹性并呈金黄色。在蛋糕中间插入一根木签，如果拔出时木签是干净的，表示蛋糕已经烘烤成熟了。如果不是，继续烘烤几分钟并测试。取出前在模具中冷却4~5分钟，因为此时蛋糕最容易碎裂。取出放到烤架上，去掉油纸，让其冷却透。

小窍门： 在从模具中取出蛋糕之前，用刀沿着模具内侧刻划一圈，这样可以确保蛋糕的侧面完整而整齐。

给蛋糕夹馅和服务上桌

将奶油打发至湿性发泡。将325克覆盆子大体弄碎拌入糖粉，叠拌进奶油中，制成覆盆子奶油。要将覆盆子的汁液沥出，否则奶油会过于湿润。

用锯刀将冷却好的蛋糕小心地水平片切成均等厚度的3片。将底层蛋糕放到餐盘内，抹上一半覆盆子奶油。然后盖上另一片蛋糕，抹上剩余的覆盆子奶油。盖上最后一片蛋糕，用剩余的覆盆子装饰蛋糕表面，在切成块状上桌之前撒上糖粉进行装饰。

巧克力杏仁蛋糕卷

供6~8人
食用

烘烤
20分钟

蛋糕不夹馅
可以保存
8周

原材料

6个鸡蛋，蛋清蛋黄分离开

150克细砂糖

50克可可粉，多备出一些，用于撒面

糖粉，用于撒面

300毫升浓奶油

2~3汤勺苦杏酒或白兰地

20块杏仁饼干，擀碎，再加2块，用于表面装饰

50克黑巧克力，切碎

所需器具

20厘米x28厘米瑞士蛋糕卷专用模具或者深边烤盘

将烤箱预热至180℃。将蛋糕卷模具或者烤盘四周及底部都铺好油纸备用。

打发鸡蛋混合液

将汤锅内的水烧至快要沸腾，从火上端离。将一个耐热盆放到汤锅上，要确保盆底没有接触到锅内的水。将蛋黄和糖加入盆内，用电动搅拌器搅打10分钟或搅打至呈浓稠的乳脂状。将盆从汤锅上端开。

在另一个干净的盆内用电动搅拌器搅打蛋清至湿性发泡。将可可粉过筛到蛋黄混合液中，然后与打发好的蛋清轻缓地叠拌到一起。

要注意！ 要在一个干净、无油脂的盆内打发蛋清，否则蛋清无法搅打至足够大的体积。

烘烤蛋糕

将蛋糕糊缓缓地倒入模具中。放入烤箱内烘烤20分

钟至用手触碰蛋糕表面感到硬实，在蛋糕中间插入一根木签，拔出时是干净的。取出前在模具中至少冷却5分钟，然后取出并倒扣在一张撒满糖粉的油纸上。冷却至少30分钟。

要注意！ 海绵蛋糕必须完全冷却之后才可以涂抹馅料，否则奶油会融化。

装饰蛋糕

用电动搅拌器将奶油打至湿性发泡。将蛋糕的边角修剪整齐，淋上杏仁酒。在蛋糕表面涂抹一层奶油，撒上杏仁饼干碎。用油纸卷紧蛋糕成为蛋糕卷。接缝处朝下放到餐盘内。将杏仁饼干碎、巧克力碎、糖粉和可可粉撒在表面，切块上桌。

小窍门： 卷蛋糕卷，握紧并抬起远离你身体一侧最长边的油纸的两角，朝向身体方向卷。此时油纸支撑并包裹住蛋糕，将蛋糕塑成一个圆滑的蛋糕卷。

如何制作**泡芙面团**

泡芙面团是使用鸡蛋制作而成的质地疏松多孔的面团，通常用于制作巧克力泡芙和闪电泡芙等。制作泡芙时，将大量的空气充分地搅打进入到如同面团般柔软的混合物中，就能够保证制作出烘烤之后完美膨发的香脆而质轻的泡芙。

用木勺搅打混合物，直到形成一个柔软的面团。

要注意！ 不要将水和黄油在加热至沸腾之后继续加热太长时间，因为这会让水蒸发掉一部分。面团膨发需要足够的水蒸气。

拌入面粉

将面粉搅拌进融化的黄油和沸腾的开水锅中的传统技法称为"投入"面粉，意思是你必须一次性地将所有的原材料都投入进去。将面粉过筛到油纸上，然后提起油纸的一角一次性全部倒入锅内使面粉受热快速而均匀。随即用力搅拌，直至形成一个柔软的面团，并且不再粘锅边为止。

慢慢地将鸡蛋加入到面团中，以确保将面团制成能够用裱花袋挤出成型的浓稠度。

搅拌鸡蛋时动作要连续而有力。

搅入鸡蛋

使用一把木勺，每次少量地将鸡蛋分批搅入面团中。随着每次加入鸡蛋并搅拌均匀，你会让更多的空气混入面团中。这样制作好的泡芙面团可以柔软到足以使用裱花袋挤出各种造型。

补救方法！ 如果挤出圆形泡芙时表面的尖状面团太高，只需将手指蘸一点水，轻轻按压下去即可。

要确保挤出的圆形泡芙大小均匀一致，使其在烘烤时能够受热均匀。

挤出泡芙面团造型

在裱花袋内装入圆口裱花嘴，然后装入泡芙面团。两只手分别握住裱花袋的上部和底部，上部的手用力挤压，挤出成为形状均匀、如同核桃般大小的圆形。泡芙之间要留出足够扩展和胀大的距离。

练习制作泡芙
巧克力泡芙

巧克力泡芙是使用柔滑的泡芙面团通过裱花袋挤出制作而成的圆形泡芙。试着根据这一道传统的巧克力泡芙食谱制作出质地轻柔、香脆疏松的巧克力泡芙，然后再填入奶油夹馅，并在表面蘸上美味的巧克力酱。

供4人
食用

烘烤
22分钟

不填入馅料
可以保存
12周

普通面粉

无盐黄油

打散的鸡蛋

原材料

150毫升水

60克普通面粉

50克无盐黄油

2个鸡蛋，打散

馅料和表面装饰材料

400毫升浓奶油

200克优质黑巧克力，切碎

25克黄油

2汤勺糖浆

浓奶油

黑巧克力

糖浆

所需器具

2个裱花袋分别装好一个1厘米圆口裱花嘴和
一个5毫米星状裱花嘴

裱花袋

圆口裱花嘴和星状
裱花嘴

总时间57分钟，加上冷却的时间

准备时间
5分钟

制作时间
20分钟

烘烤时间
22分钟

装饰时间
10分钟

1 将烤箱预热至220℃。在2个烤盘内分别铺好油纸。将面粉过筛,然后用小火在汤锅内将黄油和150毫升水一起融化并烧开。将汤锅端离开火,立刻一次性将所有面粉快速倒入汤锅内。

要记住: 快速"投入"面粉,将过筛后的面粉先倒在一张油纸上,然后提起油纸两角,将面粉一下全部倒入汤锅内。

面粉过筛时,尽量将面筛抬高一些,以让面粉裹入尽可能多的空气。

2 用木勺将面粉搅拌进入混合液中,直到形成柔滑的面团状,冷却10分钟。

要注意! 要有耐心,在加入鸡蛋之前让面团有足够的时间冷却,否则面团太热,会让鸡蛋成熟而形成结块。

3 逐渐地加入鸡蛋,每次加入一点儿,每次加入鸡蛋搅打均匀之后再次加入鸡蛋,直到将鸡蛋与面团完全搅打均匀,混为一体。

要记住: 你搅拌面团的次数越多,你的面团起筋越多,你就在面团中混入了更多的空气,这些都有助于泡芙面团的膨发。

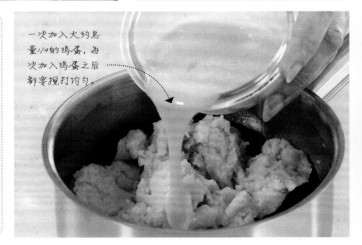

一次加入大约总量1/4的鸡蛋,每次加入鸡蛋之后都要搅打均匀。

4 鸡蛋加完之后还要继续搅打一会儿，直到面团变得非常柔滑而有光泽感。使用木勺搅打，这样你就不会反复切入面团之中，否则会中断面团起筋，其结果就是泡芙定型不好或者膨发不到位。

要记住： 制作好的泡芙面团应该是柔软但不粘连，能够用裱花袋挤出的浓稠度。

5 将搅拌好的泡芙面团用勺舀入装有圆口裱花嘴的裱花袋内。在烤盘内挤出小圆形，相互之间留出充分的间距。放入烤箱内烘烤20分钟至膨发起来。

小窍门： 如果你想让泡芙造型更加自然圆润，可以用勺子将面团塑形。

要注意！ 不要太早打开烤箱门，否则膨发起来的泡芙会塌陷。

在挤出泡芙面团之前，要确保旋转着拧紧裱花袋的上部位置以密封好泡芙面团。

挤出圆形泡芙时，其顶端的尖角可以用蘸过水的手指轻轻按压下去使其平整一些。

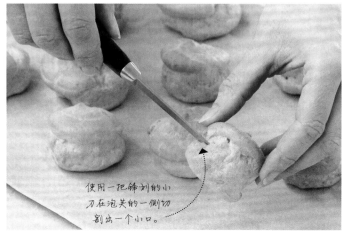

使用一把锋利的小刀在泡芙的一侧切割出一个小口。

6 将烘烤好的泡芙从烤箱内取出，在每一个泡芙的一侧切割出一个2.5厘米的切口，让蒸汽逸出。然后再继续烘烤2分钟，直到泡芙变成金黄色，表皮脆硬。取出放到烤架上冷却。

为什么？ 每个泡芙都要切小口，以让蒸汽能够逸出，因为泡芙里的蒸汽会让其变软。切割时动作要快，以免泡芙的温度下降太多。

7 将100毫升浓奶油倒入一个汤锅内。加入巧克力、黄油和糖浆，用小火加热至巧克力全部融化并呈细腻状。在此过程中，要不时地搅拌，以加快融化的进程。

为什么？ 使用小火加热使这些原材料融化，可以防止加热过度，以至于造成分离，也称"分裂开"。

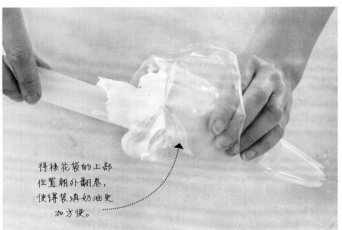

将裱花袋的上部位置朝外翻卷，使得装填奶油更加方便。

8 将剩余的浓奶油搅打至湿性发泡。当提起搅拌器时，奶油能够保持住形状不变形，就表示奶油打发好了。将奶油用勺舀到装有星状裱花嘴的裱花袋内。将裱花袋的上部扭紧几下，以密封住奶油。

小窍门： 为了更好地支撑住裱花袋，并且使得往裱花袋内填入奶油时更加容易，你可以将裱花袋放入一个玻璃杯内（见第52页内容）。

9 一只手握紧裱花袋的上部，另一只手拿着圆形泡芙，将奶油从星状裱花嘴内挤到泡芙的中间位置，不要挤入过多的奶油。将挤好奶油的圆形泡芙摆放于餐盘内，然后用勺舀取巧克力酱汁浇淋到泡芙上即可食用。

小窍门： 可以使用一把锋利的小刀将泡芙侧面开口再切得宽一些，这样挤入奶油会更容易。

烘烤至完美级轻柔松脆的泡芙

你制作好的泡芙应该质地轻柔、松脆可口、膨发到位，并且泡芙内外都是干而不软。

打发至柔软细腻的奶油与香脆疏松、质地轻柔的泡芙形成了强烈的对比。

巧克力酱汁柔滑、浓郁而有光泽。

圆形的泡芙质地轻柔、膨发到位、颜色金黄。

哪个步骤做得不对？

泡芙面团表面出现裂纹。你加入面粉之后搅拌的时间过长，以至于引起了油脂分离，使烘烤好的圆形泡芙表面出现裂纹。下次再制作时，将面团搅拌到不粘锅边，并且形成圆球状即可。

泡芙没有膨发起来变得扁平。你在泡芙还没有膨发到位之前就打开了烤箱门。

泡芙内部有点潮湿并且还有一点黏性。下次记得用一把小刀在泡芙一侧切割一个小口，然后再继续烘烤至内部变得完全干燥。

巧克力酱汁中出现颗粒。或许你融化要添加到巧克力酱汁中的原材料时离热源的距离太远，这样会造成原材料分离开，而没有融合到一起。下次制作的时候，缓慢地将它们混合到一起。

泡芙内挤入的奶油馅料流到外面了。泡芙在填入奶油之前还没有冷却透，或者奶油没有打发到位。下次制作时，让泡芙完全冷却透，将奶油打发至湿性发泡，并且能够定型的程度。

去试试按照食谱制作出各种更多的泡芙 ▶▶▶

巧克力橙味泡芙

供6人
食用

烘烤
22分钟

不填入馅料
可以保存
12周

原材料

150毫升水

60克普通面粉

50克无盐黄油

2个鸡蛋，打散

500毫升浓奶油

1个橙子，擦取橙皮

3汤勺金万利酒

150克优质黑巧克力，切碎

300毫升淡奶油

2汤勺糖浆

所需器具

2个裱花袋，分别装好一个1厘米圆口裱花嘴和一个5毫米星状裱花嘴

将烤箱预热至220℃。
分别在2个烤盘内铺好油纸备用。

制作泡芙面团

将面粉过筛到一张油纸上。

要记住： 在将面粉过筛时，要尽量将面筛抬高，以让面粉中混入尽可能多的空气。

将黄油和150毫升水放入汤锅内用小火加热。 水烧开并使黄油融化，然后将汤锅从火上端离开，立刻将面粉一次性全部倒入汤锅中。用木勺搅拌至细腻并形成一体的面团。将面团冷却10分钟。然后慢慢加入鸡蛋，一次加入一点儿，在充分搅打均匀后再次加入，搅打成没有黏性并细腻光滑的面团。

挤出泡芙造型并烘烤

将泡芙面团用勺舀入装有圆口裱花嘴的裱花袋内，在烤盘内挤出核桃大小的圆形泡芙，相互之间留出足够的空间。烘烤20分钟至膨发起来并呈金黄色。从烤箱内取出，用小刀在泡芙的一侧切开一个小口，以防止泡芙因为潮湿而回软。继续烘烤2分钟，让泡芙外皮变得脆硬，取出后放到烤架上冷却透。

填入馅料并装饰

将浓奶油、橙皮和2汤勺金万利酒一起放入盆里， 用电动搅拌器打发至比湿性发泡略微浓稠。打发好后用勺装入装有星状裱花嘴的裱花袋内，在每个泡芙里都挤满奶油。制作巧克力酱汁，将巧克力、奶油、糖浆和剩余的金万利酒一起在汤锅内加热融化。将填好馅料的泡芙放到餐盘内，用勺将巧克力酱汁浇淋到泡芙上，然后上桌。

小窍门： 没有添加馅料的泡芙如果在密封的容器内存放，最多可以保存2天。

巧克力闪电泡芙

制作30个　烘烤
25~30分钟

不填入馅料
可以保存
12周

原材料

200毫升水

125克普通面粉

75克无盐黄油

3个鸡蛋，打散

500毫升浓奶油

150克优质黑巧克力，切碎

所需器具

2个裱花袋，分别装好一个1厘米的圆口裱花嘴

将烤箱预热至200℃。分别在2个大号烤盘内铺好油纸备用。

制作泡芙面团

将面粉过筛到一张油纸上。

要记住：在将面粉过筛时，要尽量将面筛抬高，以让面粉中混入尽可能多的空气。

将黄油和200毫升水一起放入汤锅内用小火加热，烧开水并使黄油融化，然后将汤锅从火上端离，立刻将面粉一次性全部倒入汤锅中。用木勺搅打至细腻并形成一体的面团。冷却10分钟。慢慢多次少量地加入鸡蛋，每次搅打均匀之后再次加入，搅打成没有黏性并细腻光滑的面糊。

挤出泡芙造型并烘烤

将泡芙面糊用勺舀入装有圆口裱花嘴的裱花袋内，在烤盘内挤出30个10厘米长的泡芙条，用一把蘸过水的刀将泡芙条从裱花嘴一端切断。

为什么？用一把蘸过水的刀将泡芙条切断，是为

了让闪电泡芙两端更加圆润。

放入烤箱烘烤20~25分钟至膨发起来并呈金黄色。从烤箱内取出，用小刀在泡芙的一侧小心地切开一个小口，让蒸汽逸出。继续烘烤5分钟，让泡芙内部变干燥。取出后放到烤架上冷却透。

填入馅料并装饰

将浓奶油用电动搅拌器打发至湿性发泡。打发好后用勺装入另外一个裱花袋内，或者使用第一个裱花袋和裱花嘴，但要确保清洗干净并拭干。在每个泡芙里都挤满奶油。将耐热盆置于装有热水并用小火加热的锅上，隔水加热巧克力至完全融化。用勺将巧克力浇淋到泡芙上。巧克力凝固后上桌。

要记住：不要让融化巧克力的耐热盆底接触到锅内的热水，否则巧克力会加热过度变成颗粒状。

小窍门：没有挤入奶油馅料的泡芙如果在一个密封的容器内妥善存放，最多可以保存2天。

167

如何制作**丹麦面包面团**

丹麦面包是用带有甜味、用黄油起酥的酵母发酵面团制作而成的一种面包。制作丹麦面包面团是最麻烦而棘手的工作，因为你必须揉面、擀开，并将面团折叠几次，将黄油尽量与面团结合到一起，从而制作出轻柔、犹如酥皮般分层的面包。当你制作好丹麦面包面团之后，最让人兴趣大增的是丹麦面包千变万化的造型和添加不同口味的馅料，当然还要悠然舒适地享用这些劳动果实！

逐渐将干粉材料拌入酵母混合液中以制作出一个粗糙的面团。

在干粉材料的中间做出一个窝穴，将酵母和牛奶混合液倒入。

要注意！要确保只是将牛奶加热到温热状态，因为牛奶的温度太高会杀死酵母。

加入酵母混合液

酵母在加入到干粉材料中之前，要先进行溶解醒发。用温热的牛奶溶解酵母可以确保使其均匀地分布在面团中。醒发酵母可以激发酵母菌的活性，在酵母和牛奶混合液的表面上可形成一层泡沫。

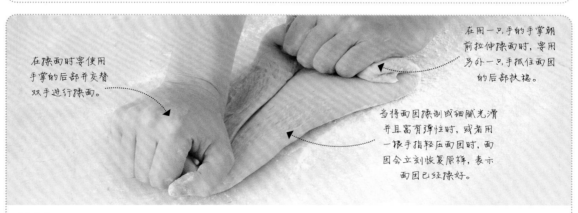

在擀面时要使用手掌的后部并交替双手进行擀面。

在用一只手的手掌朝前拉伸擀面时，要用另外一只手抓住面团的后部扶稳。

当将面团擀制成细腻光滑并且富有弹性时，或者用一根手指轻压面团时，面团会立刻恢复原样，表示面团已经擀好。

揉制面团

要产生出面粉中的面筋力道，以有助于面团的膨发，要将面团彻底地揉制15分钟。用手掌后部用力地按压在面团上，然后朝向身体的外侧方向用力揉制。然后将伸展出去的面团再折叠回来，每揉制两次之后将面团转动90度，重复此揉面的动作过程，一直揉制15分钟。

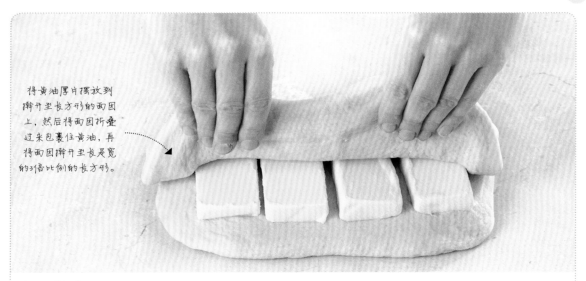

将黄油厚片摆放到擀开呈长方形的面团上，然后将面团折叠过来包裹住黄油，再将面团擀开呈长是宽的3倍比例的长方形。

折叠黄油

丹麦面包中有酥皮的质地，有时称为"分层面团"，是将黄油折叠进面团中，通过擀制，让黄油均匀而分层地分布在面团中，但是要确保黄油不融化，因为融化之后的黄油会让面团变得非常油腻。

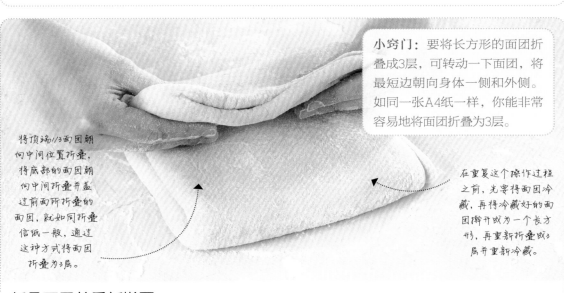

小窍门：要将长方形的面团折叠成3层，可转动一下面团，将最短边朝向身体一侧和外侧。如同一张A4纸一样，你能非常容易地将面团折叠为3层。

将顶端1/3面团朝向中间位置折叠，将底部的面团朝向中间折叠并盖过前面所折叠的面团，就如同折叠信纸一般，通过这种方式将面团折叠为3层。

在重复这个操作过程之前，先需将面团冷藏，再将冷藏好的面团擀开成为一个长方形，再重新折叠成3层并重新冷藏。

折叠面团并重新擀开

在将长方形面团折叠成3层以后，需要将面团冷藏，因为冷藏可以让面团松弛，防止面团出现收缩，还可以防止黄油溢出。擀开面团时要始终朝向一个方向擀制，这样会让黄油在面团中分布得更加均匀。

练习制作丹麦面包
丹麦面包

　　令人垂涎欲滴的丹麦面包，咬一口满满的都是香酥的脆皮和浓郁的黄油香味，里面填充着甜蜜甘美的果酱或者糖渍水果。可以提前一天把丹麦面包面团制作好并存放到冰箱内冷藏一晚上，在需要使用时，再取出面团擀开，制作并烘烤成香喷喷的丹麦面包。

制作18个　烘烤　　　　最多可以
　　　　15~20分钟　保存4周

原材料

150毫升牛奶

2茶勺干酵母

30克细砂糖

2个鸡蛋，打散，多备1个，用于涂抹面包

475克高筋面粉，多备出一些，用于撒面

½茶勺盐

植物油，涂抹模具用

250克冷藏好的黄油

200克杏、樱桃或草莓果酱，或者糖渍水果

干酵母

牛奶

打散的鸡蛋

细砂糖

高筋面粉　　　　　　盐　　　　植物油　　　冷藏好的黄油　　　　杏酱

总时间2小时20分钟~2小时25分钟，包括1小时冷藏和30分钟醒发的时间

准备时间
5分钟

制作时间
30分钟加上冷藏和醒发时间

烘烤时间
15~20分钟

1 将牛奶用小火加热至温热，不
要太热，因为过热会杀死酵
母。将温热的牛奶、干酵母和1汤勺
糖在盆内混合好，覆盖好之后静置
20分钟，直到牛奶表面形成一层泡
沫。然后将鸡蛋打散放入酵母混合
液中。在另外一个盆里，将过筛后
的面粉、盐和剩余的糖放到一起，
在中间做出一个窝穴。将酵母和鸡
蛋混合液倒入其中。

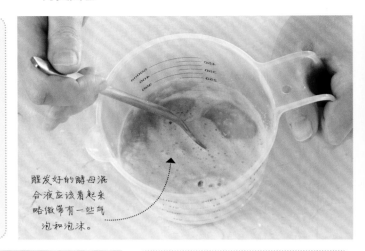

醒发好的酵母混
合液应该看起来
略微带有一些气
泡和泡沫。

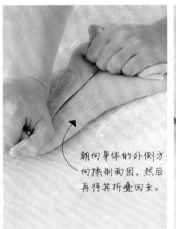

朝向身体的外侧方
向碾制面团，然后
再将其折叠回来。

2 使用一把木勺，将所有的材料
搅拌混合到一起，直到形成一
个柔软的面团。将面团取出放到撒
有面粉的工作台面上，揉制15分
钟。在一个盆内涂抹上油，将面团
放入盆内，用保鲜膜盖好，放入冰
箱内冷藏15分钟。

为什么？ 你需要将揉制好的面团放
入冰箱冷藏以使得面筋松弛并可以
防止面团变硬。

3 将擀面杖纵向摆放到醒好的面
团中间位置朝外轻缓地擀开面
团。每擀开几次之后就将面团转动
90度并继续擀制，直到将面团擀开
成为一个25厘米x25厘米的方形。将
冷藏好的黄油均等地切割成四块厚
度一样的片状。

要注意！ 要确保将黄油片切得厚度
均匀，因为这是让面团保持分层均
匀的关键所在。

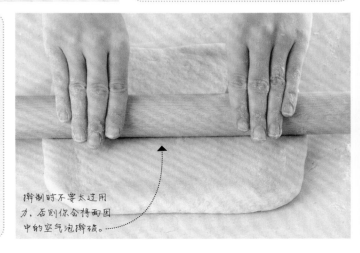

擀制时不要太过用
力，否则你会将面团
中的空气泡擀破。

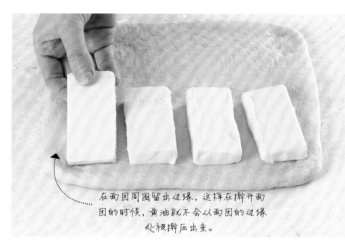

在面团周围留出边缘，这样在擀开面团的时候，黄油就不会从面团的边缘处被擀压出来。

4 将黄油片依次摆放到擀开面团的一半位置上，面团外侧周围留出1~2厘米的边缘。将另外一半面团从黄油上折叠过来，覆盖住黄油，用擀面杖将四周边缘的面团压紧，将黄油密封好。

为什么？ 将包含有黄油的面团外侧边缘压紧密封好，可以防止黄油在继续擀开面团的时候被擀压出来。

5 在面团上撒上一些面粉，并擀开成为一个1厘米厚，长为宽的3倍的长方形。

为什么？ 你将面团擀开成为一个长为宽的3倍的长方形，可以让你非常容易地将擀开的面团折叠成3层。

补救办法！ 如果黄油从面团中被挤压出来，不管是在面团的侧面还是在面团表面，只需简单地将面团冷藏15分钟继续擀制即可。

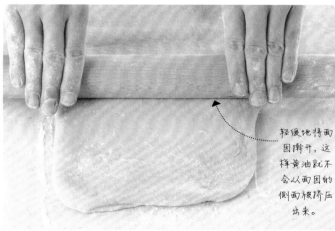

轻缓地将面团擀开，这样黄油就不会从面团的侧面被挤压出来。

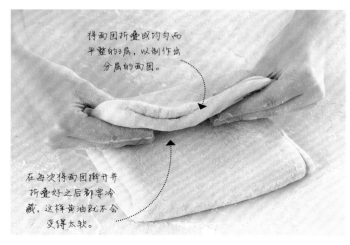

将面团折叠成均匀而平整的3层，以制作出分层的面团。

在每次将面团擀开并折叠好之后都要冷藏，这样黄油就不会变得太软。

6 将顶端的1/3朝向中间折叠，然后将底部1/3朝上折叠盖过刚才折叠好的面团，制作成一个长方形。用保鲜膜包好，冷藏15分钟。取出后再次擀开成长方形，折叠好冷藏15分钟。取出后重复这些步骤——擀开，折叠，冷藏——再重复一次。面团在擀开之前一定要冷藏，这样黄油就不会变得太软，并可以让面团中的面筋得到松弛。

7 将面团切割成两半，将擀面杖放到面团中间朝外侧方向轻缓地擀开，分别擀成2个30厘米x30厘米的方形，其厚度为5厘米。每擀开几次之后都要将面团转动90度。将擀好的2块方形面团分别切割出9个10厘米x10厘米小方形块。总共为18个方块。在四个角上按照对角线的方向进行切割，中间位置留出1厘米不要切断。

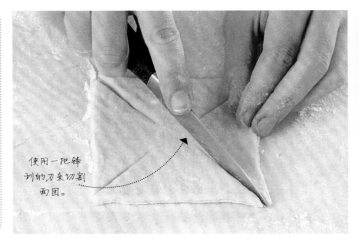

使用一把锋利的刀来切割面团。

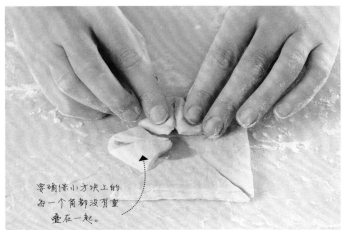

要确保小方块上的每一个角都没有重叠在一起。

8 将1茶勺果酱或者糖渍水果放入每个小方块的中间位置，将小方块的每一个角朝向中心位置折叠过去。中间的果酱或者糖渍水果可以起到黏合剂的作用，将小方块上所有的角粘在中间位置。

要注意！ 不要将折叠过来的角都重叠到一起，否则会太厚，不容易烘烤成熟。

9 在丹麦面包中间位置，舀入更多的果酱或者糖渍水果，然后放到铺好油纸的烤盘内。用保鲜膜盖好，继续醒发30分钟。将烤箱预热至200℃。在丹麦面包表面涂刷上蛋液，放入烤箱烘烤15~20分钟，直到烘烤成金黄色。

为什么？ 在烘烤之前在丹麦面包表面涂刷上蛋液，烘烤好后会有一层漂亮的颜色。

烘烤至香酥浓郁的**丹麦面包**

烘烤至香酥浓郁的丹麦面包应该美味而轻柔，酥脆中带有许多层次，并且具有芳香而柔软的质地。

完美造型的丹麦
面包中间应包含
着一洼烘烤至金
黄色的果酱或者
糖渍水果。

芳香浓郁黄油
风味的面包中
带有轻柔而酥
脆的分层。

哪个步骤做得不对？

丹麦面包非常扁平。你或许是将面团擀得太薄了，或者是醒发的时间过长，造成面包塌陷。

丹麦面包太油腻。在擀开和折叠的过程中要记得冷藏面团，因为冷藏时间不够，黄油会变软，从而被挤压出来。

丹麦面包的造型在烘烤的过程中被破坏了。你在烘烤之前，最后醒发时没有将丹麦面包定好型。

丹麦面包烘烤得老且硬。你擀开面团时用力过大并且没有留出足够的醒发时间。

丹麦面包非常黏并且果酱流得到处都是。你在面包中间位置放入的果酱或者糖渍水果太多了，以至于在烘烤的过程中让其流到了面包外面。下一次制作丹麦面包时，只需在折叠好造型的面包中间位置加入 1 茶勺果酱即可。

去试试更多的丹麦面包食谱 ▶ ▶ ▶

杏仁风味丹麦面包

制作18个

烘烤
15~20分钟

最多可以
保存4周

原材料

一份用量的丹麦面包面团（见第171~173页步骤1~6中的内容）

25克无盐黄油，软化

75克细砂糖

75克杏仁粉

1个鸡蛋，打散，涂抹面包用

糖粉，装饰用

分别在2个烤盘内铺好油纸备用。

制作小方块面团

在撒有薄薄一层面粉的工作台面上，将一半面团擀开成为一个边长为30厘米的方形，将不规则的边角去掉，然后切割9个边长为10厘米的小方块。重复这些步骤，共制作出18个小方块。

要记住： 在擀开并切割面团时，要确保其是完全冷却的。冷藏好的面团的定型效果会更好。

制作馅料并制作各种造型

要制作杏仁酱，将黄油和糖一起用电动搅拌器打发，加入杏仁粉继续搅打至细腻状。将制作好的杏仁酱分成18个小圆球形，再将每一个都揉搓成香肠形，比小方块面团的长度略微短一点儿。将揉搓成香肠状的杏仁酱放到小方块面团的一边位置上，外侧留出2厘米的空隙，将杏仁酱按压到面团内，并在面团表面涂刷上蛋液，然后将面团覆盖杏仁酱折叠过去包裹住杏仁酱。将面团四周朝下按压以密封好杏仁酱。

要记住： 在小方块形面团的四周涂刷上蛋液这一操作步骤非常重要，这样做可以确保将面团密封牢稳，从而确保杏仁酱在烘烤的过程中不会从边缝处溢出。

使用一把锋利的刀，在每一个折叠并密封好的面团上切割出4个切口。然后放到烤盘内，覆盖好，放到温暖的地方醒发30分钟。将烤箱预热至200℃。

烘烤和服务上桌

将丹麦面包的两侧朝内弯曲成月牙形。涂刷上蛋液，放入烤箱的顶层，烘烤15~20分钟，直到烘烤至香酥而呈金黄色。在烤盘内先冷却5分钟，然后取出放到烤架上冷却透。撒上糖粉装饰之后即可上桌。

要注意！ 烘烤出的月牙形丹麦面包非常易碎，应该先让它们在烤盘内冷却并定型一会儿再移到烤架上冷却透。

杏风味丹麦面包

制作18个　　烘烤　　　不宜
　　　　　15~20分钟　冷冻保存

原材料

一份用量的丹麦面包面团（见第171~173页步骤1~6中的内容）

200克杏果酱

2罐400克半边杏片，控净汤汁

1个鸡蛋，打散，涂抹面包用

分别在2个烤盘内铺好油纸备用。

制作小方块面团

在撒有薄薄一层面粉的工作台面上，将一半面团擀开成为一个边长为30厘米的方形，将不规则的边角去掉，然后切割出9个边长为10厘米的小方形块。重复这些制作步骤，共制作出18个小的方形块面团。

制作杏风味丹麦面包

如果杏酱内有果肉，需要搅碎或者过筛。在每一个小方形块上舀上1汤勺杏酱，并用勺背在小方形块上涂抹均匀，在四周边缘处留出1厘米的空边。取2块半边杏片，如果太大，可以将杏的底部切掉一部分。

为什么？ 如果半边杏片太大，小方形块面团就无法包裹住它们。

将2块半边杏片成对角线摆放到小方形块面团上，将没有摆放杏片的两个角提起，朝向中间折叠过去，并覆盖住部分半边杏片。剩余的小方形块和半边杏片也如此操作，一共做出18个杏风味丹麦面包。分别摆放到烤盘内，覆盖好，放到温暖的地方醒发30分钟。将烤箱预热至200℃。

烘烤、涂抹果酱和服务上桌

在面包上涂刷好蛋液，放入烤箱上层，烘烤 15~20 分钟，直到香酥且呈金黄色。将剩余的杏酱融化开并涂抹到烘烤好的丹麦面包上来增加亮度。在烤盘内先冷却5分钟，然后取出摆放到烤架上冷却透。

要记住： 在将杏酱涂刷到面包上之前，要确保杏酱呈细腻光滑状，并且没有颗粒存在。

手工面包

手工面包与酵母面包类似，但是在准备酵母菌时，使用不同的技法，这种技法称为"前期发酵"。这样的制作方法会给面包带来一种独特的、略微带点酸味的，以及让人非常喜欢的质地。真正的手工面包依靠的是培养面粉中自然存在的酵母菌，所以下述食谱中的酸味面包有点"作弊"的成分，因为添加了酵母。不同方法的前期发酵被称为"发酵剂"（又称"酵种""酵头"或者"海绵"），每一种方法制作而成的面包都有着各自不同的鲜明特点。

混合液在经过发酵之后体积应略有增大。

将发酵剂（酵种）用木勺拌入。

小窍门：要保持发酵剂（酵种）的活性和可持续性。每2~3周要搅拌一次，以排出空气并让体积减小一半，然后混合进125克面粉和250毫升水。每次使用发酵剂制作新面包都按此步骤操作。不要将发酵剂（酵种）放在高温处，可以储存在冰箱内，但是在使用之前要提前取出，使其恢复到室温。

随着酵母的发酵，每天都要搅拌一次，以确保酵母不会沉淀到底部形成结块。

制作发酵剂（酵种）

将干酵母和少许面粉一起置于温水中"发酵"24小时。干酵母和天然酵母在发酵的过程中，都会排出酸性物质，带给面包独特的酸性风味。经过24小时发酵，其表面会产生一些泡沫，搅拌混合液并继续发酵2~4天。混合液中会产生更多的二氧化碳，并发出令人舒服的酸味，而这正是制作出酸味面包的关键。发酵的时间越长，面包的风味越浓郁。

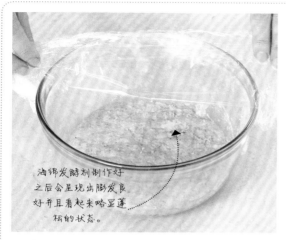

海绵发酵剂制作好
之后会呈现出膨发良
好并且看起来略显蓬
松的状态。

在海绵发酵剂中掺加更
多的酵母和高筋面粉，以
便制作法式面包（法棍）。

制作法式面包海绵发酵剂

法式面包柔软的面团需要使用"海绵"发酵方
式进行预发酵。先用温水溶解酵母并加入少许面
粉，让其发酵12小时。只需发酵12小时，其面筋
不如酸面团发酵剂（酵种）那样起筋充分，这样

就会给法式面包带来略微柔软的质感。海绵发酵
剂，与其他原材料混合之后，也会给面包带来更
干硬的口感。

发酵剂（酵种）
应该冒出气泡并
有泡沫产生。

搅拌至看不到
面粉的白色斑
点为好。

制作过夜的发酵剂

过夜的发酵剂用来制作黑麦面包，需要将酵母与温
水、酸奶和糖浆一起混合好，放置一晚上，让酵母

与糖浆中的糖分起反应，产生二氧化碳。再与其他
原材料混合好，制作成所需的面包面团。

练习制作手工面包
酸味面包

　　你需要提前策划好如何制作这一款芳香美味的酸味面包，因为这一道食谱可以使用酵总和海绵发酵剂两种发酵方法进行制作，并且需要至少4天的预发酵时间。酸味面包独特的风味和质感，让你所付出的所有辛苦努力，都会被认为是完全值得的。并且如果你一直保存着发酵剂，你就可以每天都烘烤出芳香四溢的酸味面包。

制作2条　　烘烤　　　最多可以
　　　　　40~45分钟　保存8周

原材料

发酵剂（酵种）材料

1汤勺干酵母

250克高筋面粉

海绵发酵剂材料

250克高筋面粉，多备出3汤勺，用于撒面

面包材料

1½茶勺干酵母

375克高筋面粉，多备出一些，用于撒面

1汤勺盐

植物油，涂抹模具用

玉米面，用于撒在烤盘内

少许冰块

所需器具

2块棉布

干酵母

盐

高筋面粉

冰块

玉米面

棉布

植物油

总时间3小时5分钟~3小时40分钟，包括2~2½小时的醒发时间以及4~6天发酵时间

▼ **准备时间**
4~6天发酵

▼ **制作时间**
25分钟，加上醒发时间

▼ **烘烤时间**
40~45分钟

1 在开始烘烤面包之前的4~6天，就要开始制作发酵剂（酵种）。用500毫升温水将干酵母溶化开，并拌入面粉，然后盖好，放到温暖的地方发酵24小时。经过搅拌之后，再重新覆盖好，继续发酵2~4天，每天都要搅拌一次。

为什么？ 每天都需要搅拌发酵剂，以防止面粉沉淀结块。

发酵剂应该呈现出泡沫状，并且在经过24小时发酵之后会有酸味逸出。

只需使用250毫升发酵剂混合液即可。

2 要制作海绵发酵剂，将250毫升发酵好的发酵剂（酵种）在一个盆内与等量的温水混合好。

为什么？ 只需量出250毫升的发酵剂即可。因为在接下来的发酵过程中，会制作出更多的发酵剂。

要注意！ 必须使用温水，否则，使用太热的水会杀死酵母。

3 拌入面粉，用力搅拌使其混合均匀，最后将多备出的3汤勺面粉撒到盆内。用一块湿润的茶巾覆盖好海绵发酵剂，让其发酵一晚上，当然也需要放置到温暖的地方。

为什么？ 一块湿润的茶巾可以创造出完美的潮湿环境，有利于酵母的持续发酵。

在此阶段，面团会略微带有一点黏性。

4 要制作面包，将剩余的酵母用4汤勺温水溶解开，与海绵发酵剂混合到一起。拌入一半的面粉和盐并混合好。逐渐将剩余的面粉加入进去搅拌混合好，形成一个柔软的面团。

为什么？ 分两次将面粉搅拌混合好，能够确保酵母和海绵发酵剂在面粉中均匀地分散开来。

5 在撒有面粉的工作台面上将面团揉制（见第132页内容）10分钟，至面团非常光滑而有弹性。在盆内抹上植物油，放入面团，用湿润的茶巾盖好，放到温暖的地方醒发1~1½小时，至体积增至两倍。

要记住： 揉面有助于起筋，同时也可以让面团膨发得更大。如果不经过长时间的揉面，面团会沉重而扁平。

当用一根手指头轻轻按压面团时，面团上被按压的痕迹能够很快恢复，就表示面团揉制好了。

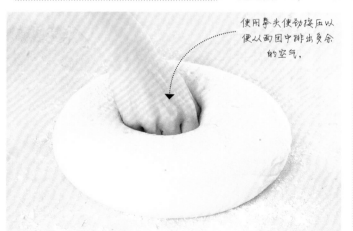

使用拳头使劲按压以便从面团中排出多余的空气。

6 将面团取出，并重新揉面，以便排出面团中多余的空气。将面团切割成均等的2块，将每一块面团由边缘向中心揉制、按压，再翻转过来，将揉面形成的缝隙朝下摆放，轻轻揉搓形成球形。

为什么？ 重新揉面可以让面团的质地更加均匀，也会让酵母分布得更加均匀。

7 将两块圆形面团放入盆内，分别包上一块棉布，并撒上一些面粉。用茶巾覆盖好，放到温暖的地方重新醒发1小时，直到面团在盆内涨大。

为什么？ 棉布可以让面团中透入空气，并且可以防止面团粘连到盆边上。你也可以将面团放到涂有植物油的盆内，然后用茶巾覆盖好。

面团在烘烤之前必须膨发到体积增至两倍。

要小心翼翼地揭掉棉布，这样就不会破坏面包的造型。

8 将烤箱预热至200℃。在2个烤盘内分别撒上玉米面，将制作好的面团分别摆放到烤盘内，有缝隙那一面朝下。然后揭掉棉布。

为什么？ 在烤盘内撒上玉米面，会给面包带来细腻的质地，并防止面包底部粘连到烤盘上。

9 在两个面包表面，分别切割出一个十字形，这样面团就会得到松弛并且膨发得更加均匀。将一个空烤盘放到烤箱内的底部位置，其上放一些冰块。将面包放入烤箱烘烤20分钟，然后将炉温降至190℃，继续烘烤20~25分钟，直到将面包烘烤至金黄色。

为什么？ 冰块可以产生水蒸气，有助于烘烤出漂亮的外层脆皮。

烘烤至完美级的**酸味面包**

成功烘烤至完美级的酸味面包应该膨发得圆润饱满并且呈金黄色，带着耐嚼的质地和与众不同的酸味。

酥脆的外皮具有
金黄的颜色。

面包的质地
应该质轻、
柔软、气孔
丰富。

面包具有一种香
浓的、略微带一
点酸酸的风味。

哪个步骤做得不对？

面包面团在醒发的过程中膨发得非常好，但是在烘烤的过程中却没有膨发到位。你可能是忘记了放盐。在长时间的醒发过程中，酵母会变得非常具有活性，会让面团膨发过度，但是盐会抑制酵母菌的活性。并且盐还会帮助面团增强其筋力，增大面团的体积，并防止面团膨发不到位。

面包非常扁平。你在面团中加入的液体材料太多了，或者是醒发过度。下一次制作时，只需将面团膨发至体积增至两倍大即可，无须膨发过大。

面包不够香酥。烤箱内没有形成足够的蒸汽环境。一个潮湿的内部环境会让面包表皮变得松脆。下一次烘烤面包时，要确保你将冰块放到一个空烤盘内，或者比你上次加入的冰块要多一些。

面团膨发起来的速度太快。你工作的环境温度太高，或者是加入了过多的发酵剂。下次制作时，你可以让面包在冰箱内醒发一晚上——这种方式非常容易监测到面包的膨发情况。

面包外皮非常柔软。你没有将面包烘烤足够的时间。要确保烤箱提前预热至合适的温度，想要将面包外皮烘烤得格外酥脆，也可以在烘烤之前在面包表面喷上水雾。要测试面包烘烤是否成熟，用手指关节轻敲面包的底部，如果发出空洞的声音，就表示面包已经烘烤成熟。

酸味面包的风味不够浓郁。你没有让酵母混合液醒发足够的时间。

去试试更多的手工面包食谱 ▶ ▶ ▶

手工黑麦面包

制作1条

烘烤
40~50分钟

最多可以
保存4周

原材料

发酵剂（酵种）材料

150克黑麦面粉

150克原味酸奶

1茶勺干酵母

1汤勺黑糖浆

1茶勺葛缕子籽，压碎

面包面团材料

150克黑麦面粉

200克高筋面粉，多备出一些，用于撒面

2茶勺盐

1个鸡蛋，打散，涂抹面包用

1茶勺葛缕子籽，装饰面包用

制作发酵剂

提前一天开始制作发酵剂（酵种）。将所有的发酵剂材料放在一个盆里用250毫升温水混合均匀。盖好放置一晚上。第二天发酵剂混合物表面应该出现一层泡沫。

制作面包面团

将盐和面粉混合到一起，拌入发酵剂。混合好之后揉成一个面团，根据需要可以再加入一点儿水。将面团放置到撒有薄薄一层面粉的工作台面上，揉搓10分钟。或者将面团揉至细腻光滑具有弹性。塑成圆形，放到涂有植物油的盆内，用保鲜膜密封好，以防止面团干燥。放到温暖的地方醒发1小时或者体积增至两倍。

面包造型

在撒有面粉的工作台面上，轻轻地揉制面团，然后将面团塑成一个橄榄球的形状。放到撒有面粉的烤盘内，重新覆盖好，放到温暖的地方继续发酵30分钟。将烤箱预热至220℃。在醒发好的橄榄球形面团上涂刷蛋液，将剩余的葛缕子籽撒到面包上。用一把锋利的刀，纵长切割出3道斜线刻痕，这些刻痕有助于面团在烤箱内膨发均匀。

烘烤面包和服务上桌

放入烤箱烘烤20分钟，然后将炉温降至200℃，继续烘烤20~30分钟，或者烘烤到面包变得酥脆并呈深金黄色，轻敲面包底部时会发出空洞的声音。取出放到烤架上冷却。

榛子葡萄干黑麦面包

不使用葛缕子籽，在最初的揉制之后，将面团塑成一个长方形，在表面撒上50克经过烘烤并切碎的榛子和葡萄干。将坚果卷入面团并轻轻揉制，将榛子和葡萄干揉至在面团中呈均匀分布的状态。然后再按照食谱中的制作步骤和方法继续操作即可。

全麦法式面包

制作2条　　烘烤　　最多可以
长棱面包　20~25分钟　保存4周

原材料

茶勺干酵母，多备出一些，用于制作海绵发酵剂

1汤勺黑麦面粉

175克高筋全麦面粉

植物油，涂刷用

200克高筋面粉，多备出一些，用于撒面

茶勺盐

制作海绵发酵剂

提前一天制作海绵发酵剂。将少许干酵母用75毫升温水溶化开。加入黑麦面粉和75克全麦面粉，形成一个黏稠、松散的面团，放入一个涂有植物油的盆内。覆盖好保鲜膜之后静置12小时或者一晚上。

制作面包面团

将剩余的酵母用150毫升温水溶化开。将醒发好的海绵发酵剂、剩余的全麦面粉、高筋面粉和盐一起放入一个大盆内，再倒入酵母液体，拌均匀之后形成一个面团。取出放到一个撒有薄薄一层面粉的工作台面上，揉搓到细腻光滑有弹性的程度。将面团放到一个涂有少许植物油的盆内，用保鲜膜密封好，醒发1½~2小时。

面包造型

将面团取出放到撒有面粉的工作台面上，轻轻地揉制，分割成均等的两块，分别揉搓成长方形。然后将长边朝向中间分别折叠过来制作成一个长的椭圆形。将中间的缝隙处捏紧，然后转动面团，将密封处朝下摆放。来回揉搓滚动成为一个不超过4厘米宽的细棍状，摆放到撒有面粉的烤盘内。用涂有植物油的保鲜膜覆盖好，再覆盖上一块茶巾，继续醒

发至体积增至两倍大。将烤箱预热至 230℃。

烘烤面包

当面团膨发至饱满，并且用手指轻轻按压，面团能够立刻恢复时就可以了。在面包表面用刀纵长切割出一些斜线刻痕，这些刻痕会让面包在烘烤时继续膨发。在面包表面淋撒上一些面粉，再喷上水，放入烤箱中层烘烤20~25分钟。当面包变得脆硬并且轻敲面包底部时会发出空洞的声音，就可以将面包从烤箱内取出，放到烤架上冷却。

高筋面粉法式面包　使用高筋面粉制作海绵发酵剂。使用1茶勺干酵母与75克高筋面粉制作海绵发酵剂。

索引

188

致谢

图片来源：
DK公司感谢戴夫·金（Dave King）和彼得·安德森（Peter Anderson）拍摄了新照片。
所有图片版权归DK公司所有。
登录www.dkimages.com以获取更多信息。

DK出版公司致谢
英国分公司
设计助理：Jessica Bentall, Vicky Read
编辑助理：Helen Fewster, Holly Kyte
DK图库：Claire Bowers, Freddie Marriage, Emma Shepherd, Romanine Werblow
索引制作：Chris Bernstein

印度分公司
助理美术编辑：Karan Chaudhary
美术编辑：Devan Das
设计助理：Ranjita Bhattacharji, Simran Kaur, Anchal Kaushal, Prashant Kumar, Tanya Mehrotra, Ankita Mukherjee, Anamica Roy
编辑：Kokila, Manchanda, Arani Sinha
DTP排版设计：Rajesh Singh Adhikari, Sourabh Chhallaria, Arjinder Singh
CTS/DTP管理：Sunil Sharma